一般計量士

国家試験問題　解答と解説

1．一基・計質（計量に関する基礎知識／計量器概論及び質量の計量）

（第68回～第70回）

一般社団法人　日本計量振興協会 編

コ　ロ　ナ　社

計量士をめざす方々へ

（序にかえて）

近年，社会情勢や経済事情の変革にともなって産業技術の高度化が急速に進展し，有能な計量士の有資格者を求める企業が多くなっております。

しかし，計量士の国家試験はたいへんむずかしく，なかなか合格できないと嘆いている方が多いようです。

本書は，計量士の資格を取得しようとする方々のために，最も能率的な勉強ができるよう，この国家試験に精通した専門家の方々に執筆をお願いして編集しました。

内容として，専門科目あるいは共通科目ごとにまとめてありますので，どの分野からどんな問題が何問ぐらい出ているかを研究してみてください。そして，本書に沿って，問題を解いてみてはいかがでしょう。何回か繰り返し演習を行うことにより，かなり実力がつくといわれています。

もちろん，この解説だけでは納得がいかない場合もあるかもしれません。そのときは適切な参考書を求めて，その部分を勉強してください。

そして，実際の試験場では，どの問題が得意な分野なのか，本書によって見当がつくわけですから，その得意なところから始めると良いでしょう。なお，解答時間は，1問当り3分たらずであることに注意してください。

さあ，本書なら，どこでも勉強できます。本書を友として，ぜひとも合格の栄冠を勝ち取ってください。

2020年9月

一般社団法人 日本計量振興協会

目　　次

1.　計量に関する基礎知識　一基

2.　計量器概論及び質量の計量　計質

本書は，第 68 回（平成 30 年 3 月実施）～第 70 回（令和元年 12 月実施）の問題をそのまま収録し，その問題に解説を施したもので，当時の法律に基づいて編集されております。したがいまして，その後の法律改正での変更（例えば，省庁などの呼称変更，法律の条文・政省令などの変更）には対応しておりませんのでご了承下さい。

1. 計量に関する基礎知識

一　基

1.1　第 68 回（平成 30 年 3 月実施）

問 1

$z_1 = 2\sqrt{2} - \mathrm{i}$，$z_2 = \sqrt{3} + \mathrm{i}$のとき，$\left|\dfrac{z_1}{z_2}\right|$の値として正しいものを次の中から一つ選べ。ただし，i は虚数単位である。

1　$\dfrac{\sqrt{7}}{2}$

2　$\dfrac{3}{2}$

3　$\dfrac{7}{4}$

4　$\dfrac{9}{4}$

5　$\dfrac{5}{2}$

題 意　複素数の計算に関する知識をみる。

解 説

$$\frac{z_1}{z_2} = \frac{2\sqrt{2} - \mathrm{i}}{\sqrt{3} + \mathrm{i}}$$

分母分子に$\sqrt{3} - \mathrm{i}$をかけて分母を有理化すると

$$\frac{2\sqrt{2} - \mathrm{i}}{\sqrt{3} + \mathrm{i}} = \frac{(2\sqrt{2} - \mathrm{i})(\sqrt{3} - \mathrm{i})}{3 + 1}$$

$$= \frac{2\sqrt{6} - 1}{4} - \frac{\sqrt{3} + 2\sqrt{2}}{4}\mathrm{i}$$

となる。ゆえにその絶対値は

$$\left|\frac{z_1}{z_2}\right| = \sqrt{\left(\frac{2\sqrt{6}-1}{4}\right)^2 + \left(\frac{\sqrt{3}+2\sqrt{2}}{4}\right)^2}$$

$$= \sqrt{\frac{24-4\sqrt{6}+1+3+4\sqrt{6}+8}{16}} = \frac{3}{2}$$

である。

【正 解】 **2**

【問】 **2**

平面上の3点，O，A，Bに関するベクトルが

$$|\overrightarrow{OA}+\overrightarrow{OB}| = |2\overrightarrow{OA}+\overrightarrow{OB}| = |\overrightarrow{OA}| = 1$$

の関係を満たしているとき，$\overrightarrow{OA}$と$\overrightarrow{OB}$の内積$\overrightarrow{OA}\cdot\overrightarrow{OB}$の値として正しいものを次の中から一つ選べ。

1　$-\frac{3}{2}$

2　$-\frac{1}{2}$

3　0

4　$\frac{1}{2}$

5　$\frac{3}{2}$

【題 意】 ベクトルに関する理解をみる。

【解 説】 図のように点Oを原点とするxy座標をとり，$\overrightarrow{OA}$，のx成分をx_A，y成分をy_Aとする。同様に$\overrightarrow{OB}$のx成分をx_B，y成分をy_Bする。するとベクトルの絶対値の定義から，題意は

$$|\overrightarrow{OA}+\overrightarrow{OB}| = \sqrt{(x_A+x_B)^2+(y_A+y_B)^2} = 1 \qquad (1)$$

$$|2\overrightarrow{OA}+\overrightarrow{OB}| = \sqrt{(2x_A+x_B)^2+(2y_A+y_B)^2} = 1 \qquad (2)$$

$$|\overrightarrow{OA}| = \sqrt{x_A^2+y_A^2} = 1 \qquad (3)$$

と表せる。また内積の定義から

$$\overrightarrow{OA}\cdot\overrightarrow{OB} = x_A x_B + y_A y_B \qquad (4)$$

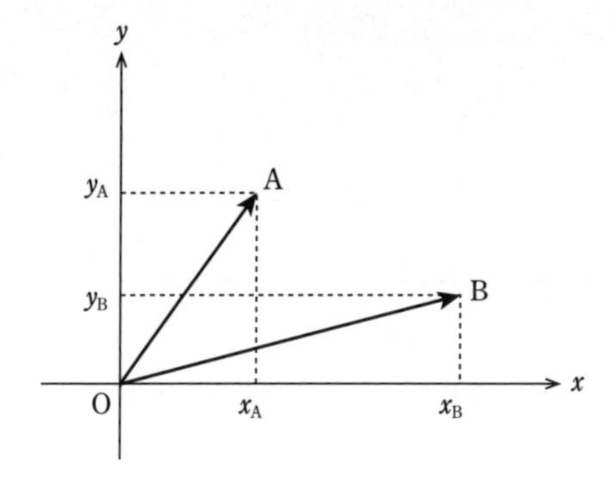

図　xy 平面上に表したベクトル

である。式 (1)，(2)，(3) を使って式 (4) の右辺の値を求めることが本問の趣旨である。

式 (1) ～ (3) の右2項をそれぞれ二乗すると

$$(x_A + x_B)^2 + (y_A + y_B)^2 = 1 \tag{1'}$$

$$(2x_A + x_B)^2 + (2y_A + y_B)^2 = 1 \tag{2'}$$

$$x_A^2 + y_A^2 = 1 \tag{3'}$$

式 (2′) から式 (1′) を辺々相減じて，左辺を整理すると

$$3\,(x_A^2 + y_A^2) + 2\,(x_A x_B + y_A y_B) = 0$$

となる。式 (3′) と式 (4) を使うと

$$3 + 2\,\overrightarrow{OA} \cdot \overrightarrow{OB} = 0$$

となる。ゆえに

$$\overrightarrow{OA} \cdot \overrightarrow{OB} = -\frac{3}{2}$$

正 解　**1**

問 3

xy 平面上で $y^2 = x^3 + 17$ と表される曲線 C 上の 2 点，P(2, 5)，Q(8, 23) を通る直線が，P，Q 以外で曲線 C と交わる点の座標として正しいものを次の中から一つ選べ。

1　$(-2, -3)$

2　$(-2, 3)$

3　$(-1, -4)$

4　$(4, -9)$

5　$(4, 9)$

【題 意】　式とグラフに関する理解をみる。

【解 説】　P(2, 5) と Q(8, 23) を通る直線の方程式を $y = ax + b$ とすると

$$2a + b = 5$$

$$8a + b = 23$$

が成り立つ。これを解くと，$a = 3$，$b = -1$ である。すなわち直線の式は

$$y = 3x - 1$$

である。選択肢に与えられている五つの点は，つぎのようにすべて $y^2 = x^3 + 17$ を満たすから曲線 C 上にある。

$$(\pm 3)^2 = (-2)^3 + 17$$

$$(-4)^2 = (-1)^3 + 17$$

$$(\pm 9)^2 = (4)^3 + 17$$

したがって，これらの点の中から直線 $y = 3x - 1$ を満たすものを探せばよい。すると，**3** の点 $(-1, -4)$ が，$-4 = 3 \times (-1) - 1$ となって直線上にあることがわかる。他の **1**，**2**，**4**，**5** の 4 点 $(-2, -3)$，$(-2, 3)$，$(4, -9)$，$(4, 9)$ は直線の式を満たさないから直線上にはない。

【参考】 本問題においては曲線や直線のグラフを描く必要はないが，参考のために示すと**図**のようになる。

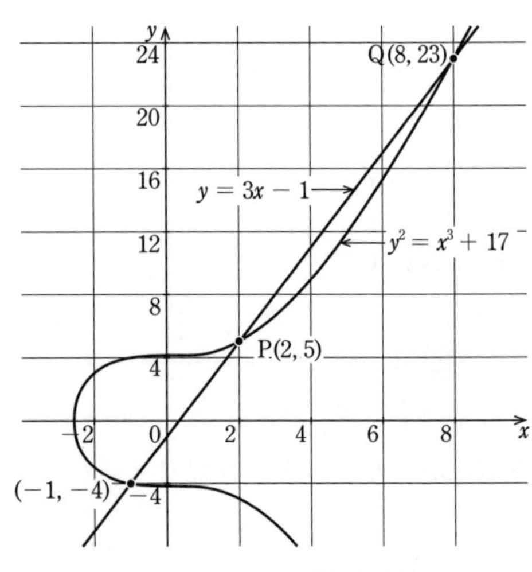

図　xy 平面上の曲線 C と直線

【正 解】　**3**

問 4

20!（20の階乗）が18の n 乗で割り切れるとき，n の最大値はいくらか。正しいものを次の中から一つ選べ。ただし，n は自然数である。

1　1

2　2

3　3

4　4

5　5

題意　自然数に関する理解をみる。

解説　$18=2^1\times 3^2$ であるから，18は因数2を1個含み因数3を2個含む。

いま，20! が因数3を何個含むかを考えてみる。1から20までの整数のうち

3（$=3$）の中に1個

6（$=3\times 2$）の中に1個

9（$=3\times 3$）の中に2個

12（$=3\times 4$）の中に1個

15（$=3\times 5$）の中に1個

18（$=3\times 3\times 2$）の中に2個

の3が含まれている。したがって20! の中には因数3は全部で，$1+1+2+1+1+2=8$ 個含まれている。

同様に20! が因数2を何個含むかを数えると18個含まれている。したがって

$$\frac{20!}{18^n}=\frac{20!}{(2\times 3^2)^n}=\frac{2^{18}\times 3^8\times A}{2^n\times 3^{2n}}$$

である。ただし，A は因数として2も3も含まない整数である。この分数が割り切れるためには $n\leqq 4$ であればよい。

正解　**4**

問 5

$x=0.01$ rad のとき，$\sqrt{\dfrac{1-\sin 2x}{1+\sin 2x}}$ の値に最も近い数値を，次の中から一つ

選べ。

1　0.95

2　0.96

3　0.97

4　0.98

5　0.99

【題 意】 関数のテイラー展開に関する理解をみる。

【解 説】 与えられた関数$\sqrt{\dfrac{1-\sin 2x}{1+\sin 2x}}$の値は計算機なしに直接筆算で求めることは困難である。そこで近似式を用いてもっと計算しやすい形に変形する。

yをラジアンで表した角度とする。関数 $\sin y$ をテイラー展開し，yが小さな角度（$y \ll 1$）として 2 次以上の項を無視すると

$$\sin y \simeq y$$

と近似できる。

また関数 $(1+y)^{\alpha}$ をテイラー展開し，$y \ll 1$ としてその 2 次以上の項を無視すると

$$(1+y)^{\alpha} \simeq 1+\alpha y$$

と近似できる。

以上の近似を用いて，与えられた関数$\sqrt{\dfrac{1-\sin 2x}{1+\sin 2x}}$を順次簡単化していく。

$2x=y$と置くと，$y=0.02$ rad であるから十分小さい角度である。したがって，$\sin 2x=\sin y \simeq y$としてよい。すると

$$\frac{1}{1+\sin 2x}=\frac{1}{1+\sin y} \simeq \frac{1}{1+y}$$

$$=(1+y)^{-1} \simeq 1+(-1) \cdot y$$

$$=1-y$$

である。さらに

$$\frac{1-\sin 2x}{1+\sin 2x}=\frac{1-\sin y}{1+\sin y} \simeq \frac{1-y}{1+y}$$

$$\simeq (1-y)^{2} \simeq 1+2(-y)$$

$$=1-2y$$

と簡単化される。さらにその平方根は

$$\sqrt{\frac{1-\sin 2x}{1+\sin 2x}}=\sqrt{\frac{1-\sin y}{1+\sin y}}=\sqrt{1-2y}$$

$$=(1-2y)^{\frac{1}{2}}\simeq 1+\frac{1}{2}(-2y)$$

$$=1-y$$

となる。題意により $x=0.01$ すなわち $y=0.02$ であるから

$$\sqrt{\frac{1-\sin 2x}{1+\sin 2x}}\simeq 1-y=0.98$$

【正　解】 4

問 6

xy 平面上の二次曲線 $y=x^2$ と $y=-x(x-2)$ で囲まれる図形の面積の値として正しいものを次の中から一つ選べ。

1　$\frac{1}{4}$

2　$\frac{1}{3}$

3　$\frac{1}{2}$

4　$\frac{2}{3}$

5　1

【題　意】 積分に関する理解をみる。

【解　説】 二つの二次曲線は**図**のような放物線である。それらの交点の x 座標は

$y=x^2$

$y=-x(x-2)$

の連立方程式を解くことにより，$x=0$ と $x=1$ となる。したがって，二つの曲線で囲まれる領域は図の灰色に塗りつぶされた部分で，その面積はつぎの積分で与えられる。

$$\int_0^1(-x^2+2x-x^2)\,dx=\int_0^1(-2x^2+2x)\,dx$$

$$=\left[-\frac{2}{3}x^3+x^2\right]_0^1=-\frac{2}{3}+1-0-0=\frac{1}{3}$$

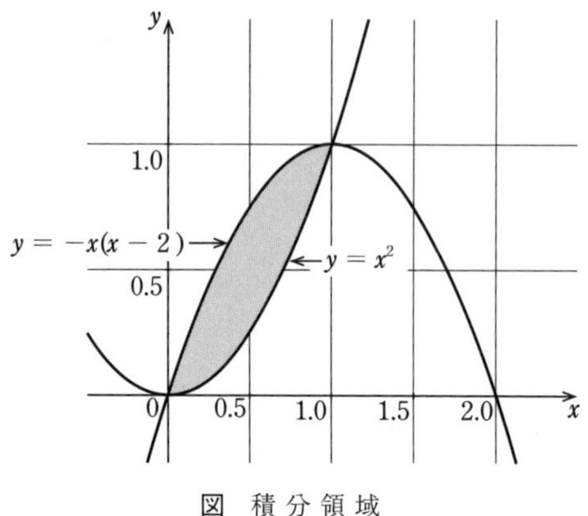

図　積分領域

【正　解】 **2**

問 7

行列 $A = \begin{bmatrix} 1 & 0 \\ 0 & 1 \\ 1 & 0 \end{bmatrix}$ と行列 $B = \begin{bmatrix} a & 0 & a \\ 0 & 1 & 0 \end{bmatrix}$ が，$ABA = A$ という関係にあるとき，a の値として正しいものを次の中から一つ選べ。

1　$-\dfrac{1}{2}$

2　$-\dfrac{1}{4}$

3　0

4　$\dfrac{1}{4}$

5　$\dfrac{1}{2}$

【題　意】 行列の計算に関する理解をみる。

【解　説】 掛け算を順次実行すると以下のようになる。

$$AB=\begin{pmatrix}1&0\\0&1\\1&0\end{pmatrix}\begin{pmatrix}a&0&a\\0&1&0\end{pmatrix}=\begin{pmatrix}a&0&a\\0&1&0\\a&0&a\end{pmatrix}$$

$$ABA=\begin{pmatrix}a&0&a\\0&1&0\\a&0&a\end{pmatrix}\begin{pmatrix}1&0\\0&1\\1&0\end{pmatrix}=\begin{pmatrix}2a&0\\0&1\\2a&0\end{pmatrix}$$

題意により $A=ABA$ であるから

$$\begin{pmatrix}2a&0\\0&1\\2a&0\end{pmatrix}=\begin{pmatrix}1&0\\0&1\\1&0\end{pmatrix}$$

二つの行列が等しいときは，対応する各要素が等しいから，$2a=1$。ゆえに $a=\dfrac{1}{2}$。

【正 解】 **5**

問 8

連続関数 $f(x)$ の導関数 $f'(x)$ は $f'(x)=\lim_{\Delta x\to 0}\dfrac{f(x+\Delta x)-f(x)}{\Delta x}$ で与えられる。以下の極限

$$\lim_{h\to 0}\frac{\sin(x+h)-\sin x}{h}$$

として正しいものを次の中から一つ選べ。

1　$\sin x$

2　$\dfrac{\sin x}{x}$

3　1

4　$\dfrac{\cos x}{x}$

5　$\cos x$

【題 意】 微分の基礎に関する理解をみる。

【解 説】 問題文中に与えられた導関数の定義から，極限，

$$\lim_{h\to 0}\frac{\sin(x+h)-\sin x}{h}$$

は $f(x)=\sin x$ の導関数である。すなわち

$$与えられた式 = \frac{\mathrm{d}\sin x}{\mathrm{d}x} = \cos x$$

正 解　**5**

問 9

e^{π} と π^{e} の大小関係に関する次の記述中の（ア）～（ウ）にそれぞれ入る数式，語句，記号の組合せとして，正しいものを一つ選べ。ただし log は自然対数，e は自然対数の底，π は円周率を表す。

$x>0$ における実関数 $f(x)$ を $f(x)=\dfrac{\log x}{x}$ とおく。その導関数は $f'(x)=$（　ア　）であり，$x>\mathrm{e}$ の範囲で $f(x)$ は単調（　イ　）関数である。

$\mathrm{e}<\pi$ であるから，$\dfrac{\log \mathrm{e}}{\mathrm{e}}$（　ウ　）$\dfrac{\log \pi}{\pi}$ である。これを変形すると $\pi \log \mathrm{e}$（　ウ　）$\mathrm{e}\log \pi$ となり，さらに $\log \mathrm{e}^{\pi}$（　ウ　）$\log \pi^{\mathrm{e}}$ とかける。

自然対数関数は単調増加関数であるから e^{π}（　ウ　）π^{e} である。

	（ア）	（イ）	（ウ）
1	$\dfrac{1-\log x}{x^2}$	増加	$<$
2	$\dfrac{1-\log x}{x^2}$	増加	$>$
3	$\dfrac{1-\log x}{x^2}$	減少	$>$
4	$\dfrac{x-\log x}{x^2}$	増加	$>$
5	$\dfrac{x-\log x}{x^2}$	減少	$<$

題 意　微分に関する理解をみる。

解 説　（ア）　商の導関数の公式を用いて

$$f'(x) = \frac{\mathrm{d}}{\mathrm{d}\,x}\frac{\log x}{x} = \frac{(\log x)'\cdot x - \log x\cdot (x)'}{x^2}$$

$$= \frac{\dfrac{1}{x}\cdot x - \log x\cdot 1}{x^2} = \frac{1-\log x}{x^2}$$

（イ） $x>\mathrm{e}$ のときは $\log x>1$ であるから，分子の $1-\log x$ は負となる。また分母の x^2 は正であるから

$$f'(x)=\underset{\sim\sim\sim\sim\sim\sim\sim}{\frac{1-\log x}{x^2}}<0$$

したがって，$f(x)$ は $x>\mathrm{e}$ の領域では単調減少関数である。

（ウ） $f(x)$ は単調減少関数であるから x が大きいほど関数の値は小さい。$\mathrm{e}<\pi$ であるから，$f(\mathrm{e})>f(\pi)$ である。すなわち

$$\frac{\log \mathrm{e}}{\mathrm{e}} \underset{\sim}{>} \frac{\log \pi}{\pi}$$

である。

【正解】 **3**

問 10

確率・統計に関する次の記述の中から誤っているものを一つ選べ。

1 全データの最大値と最小値の平均を中央値と呼ぶ。

2 分散の非負の平方根を標準偏差と呼ぶ。

3 正規分布では最頻値（モード）と平均値は同じ値になる。

4 全データの値の和をデータ個数で除した値を平均値と呼ぶ。

5 相関係数は −1 から 1 までの値となる。

【題意】 確率と統計に関する基礎知識をみる。

【解説】 各選択肢を順次検討する。

1：データを大きい順，または小さい順に並べたとき，ちょうど真ん中のデータの値を中央値という。例えば5個のデータ（12, 30, 32, 40, 60）の中央値は32である。データが偶数個ある場合は真ん中の二つのデータの和を2で割った値が中央値である。例えば6個のデータ（12, 12, 30, 32, 40, 60）の中央値は（30＋32）/ 2＝31である。誤り。

2：標準偏差の定義であって正しい。

3：確率関数（離散分布の場合）や確率密度関数（連続分布の場合）の値が最大となるところでの確率変数の値を最頻値という。正規分布では確率変数の値が平均値に

等しくなるところで確率密度が最大になる。正しい。

4：平均値の定義であって正しい。

5：基礎知識から正しい。相関係数は無次元の数で，その数が正のときは正の相関，負のときは負の相関，ゼロのときは無相関であるという。

【正 解】 **1**

問 11

4個の標本値があり，これらは1，2，3，4である。この不偏分散として，正しいものを次の中から一つ選べ。

1 $\frac{7}{4}$

2 $\frac{5}{3}$

3 $\frac{4}{3}$

4 $\frac{5}{4}$

5 $\frac{3}{4}$

【題 意】 不偏分散の計算法に関する知識をみる。

【解 説】 n 個のデータ $x_1, x_2, \cdots, x_n$ があるとき，その平均値 μ と不偏分散 V はつぎのように計算される。

$$\mu = \frac{\sum_{i=1}^{n} x_i}{n}$$

$$V = \frac{\sum_{i=1}^{n} (x_i - \mu)^2}{n-1}$$

上式をこの問題に当てはめると

$$\mu = \frac{1+2+3+4}{4} = 2.5$$

$$V=\frac{(1-2.5)^2+(2-2.5)^2+(3-2.5)^2+(4-2.5)^2}{3}$$

$$=\frac{2.25+0.25+0.25+2.25}{3}$$

$$=\frac{5}{3}$$

【正解】 **2**

問 12

1から20までの数を割り振った正20面体のサイコロを1回振って1の目が出たときには22点，その他の目が出たときには2点を得るとする。この場合の得点の期待値として正しいものを次の中から一つ選べ。

1 $\frac{33}{10}$

2 $\frac{31}{10}$

3 3

4 $\frac{9}{4}$

5 2

【題意】 期待値に関する理解をみる。

【解説】 期待値とは，確率変数の実現値を，その生起確率を重みとして平均した平均値である。

正20面体のサイコロを振って1の出る確率は$\frac{1}{20}$，そのときにもらえる点数（実現値）は22点である。サイコロを振って1以外の目が出る確率は$\frac{19}{20}$，そのときにもらえる点数（実現値）は2点である。したがって確率を重みとした実現値の平均値は

$$\frac{1}{20}\times 22+\frac{19}{20}\times 2=\frac{22+38}{20}=3$$

すなわち，点数の期待値は3点である。

【正解】 **3**

問 13

質量 m の小物体を下の図のように，地面（水平面）から角度 θ，速度 v で投げたとき，L だけ離れた壁に完全弾性衝突し，投げた地点と壁との間の地面に落ちた。小物体を投げた地点から，小物体が地面に最初に落ちた地点までの距離はどのように表されるか。正しいものを次の中から一つ選べ。ただし，重力加速度を g とし，空気抵抗は無視できるものとする。

1　$L-\dfrac{v^2\sin\theta\cos\theta}{g}$

2　$L-\dfrac{2v^2\sin\theta\cos\theta}{g}$

3　$2L-\dfrac{v^2\sin\theta\cos\theta}{g}$

4　$2L-\dfrac{2v^2\sin\theta\cos\theta}{g}$

5　$L-\dfrac{2v^2}{g}$

題 意　落体の運動に関する理解をみる。

解 説　まず壁がない場合を考える。そのとき，小物体は投げ上げ地点から右に h の距離に落下するものとする（**図**の点線）。h はつぎのように計算される。z 座標を鉛直方向に取り，上向きを正，地面を $z=0$ とする。

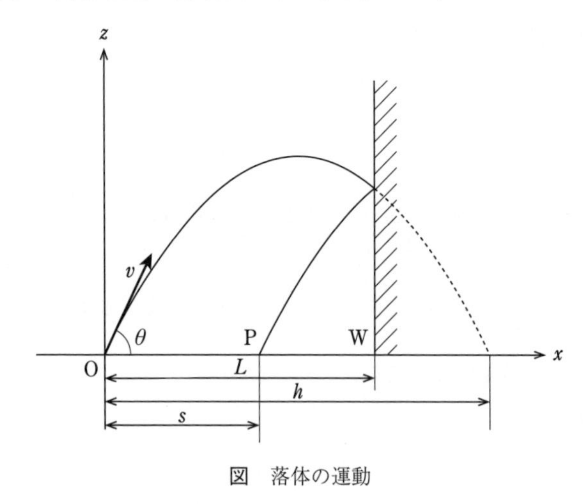

図　落体の運動

鉛直方向の初期位置は$z=0$，初速度は$v\sin\theta$，加速度は$-g$であるから，物体のz座標は時間tの関数として

$$z=-\frac{1}{2}gt^2+(v\sin\theta)t$$

ただし，投げ上げた瞬間の時刻を$t=0$とする。$z=0$となる時刻は次式のように計算できる。

$$-\frac{1}{2}gt^2+(v\sin\theta)t=t\left(-\frac{1}{2}gt+v\sin\theta\right)=0$$

すなわち，$t=0$または$t=\dfrac{2v\sin\theta}{g}$である。前者は投げ上げた時刻であるから，着地した時刻は後者である。時間$\dfrac{2v\sin\theta}{g}$の間に水平方向に飛ぶ距離がhである。

他方，水平方向の初速度は$v\cos\theta$，加速度は0であるから，水平方向へは初速度を保ったまま等速運動をする。したがって水平方向の飛距離hは

$$h=\frac{2v\sin\theta}{g}\times v\cos\theta=\frac{2v^2\sin\theta\cos\theta}{g}$$

である。

ここで位置Wに壁を作ると，物体は壁面と衝突して，図の実線で示すように，左側へ跳ね返される。題意によりこの衝突は完全弾性衝突であるから，物体はエネルギーを失うことなく，速度の鉛直成分も水平成分もその大きさは変わらない。したがって衝突後の軌道は，点線で示した軌道に対して，壁面を境に左右対称になる。図より，物体が落下する位置Pは壁面から$h-L$だけ左に離れた地点になる。この位置と投げ上げ地点Oとの距離sは，$s=L-(h-L)=2L-h$である。このhに上で求めた式を代入すると

$$s=2L-\frac{2v^2\sin\theta\cos\theta}{g}$$

となる。

【正 解】 **4**

問 14

図のように中心軸が水平面に垂直で，半頂角θの円錐面がある。質量mの小物体が，中心軸に垂直で高さがhの平面上で，円錐の内面を円錐面から離れる

ことなく，円運動をしている。小物体の円周方向の速度の大きさはどのように表されるか。正しいものを次の中から一つ選べ。ただし，重力加速度を g とし，空気抵抗および摩擦はないものとする。

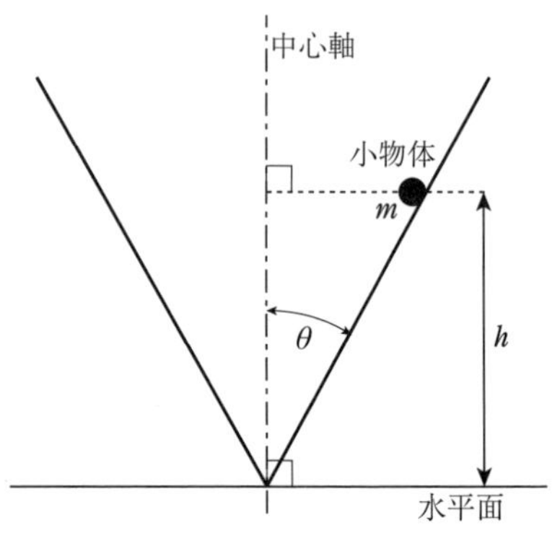

1 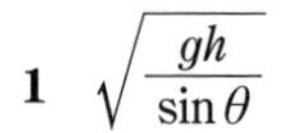 $\sqrt{\dfrac{gh}{\sin\theta}}$

2 $\sqrt{gh\sin\theta}$

3 $\sqrt{gh}$

4 $\sqrt{gh\cos\theta}$

5 $\sqrt{\dfrac{gh}{\cos\theta}}$

【題 意】 回転運動に関する理解をみる。

【解 説】 題意により円錐面には摩擦がないから，物体は**図**のように円錐面に垂直な抗力 F を受けている。その鉛直成分 F_z が重力 mg とつり合い，水平成分 F_x が向心力 $\dfrac{mv^2}{r}$ として働く。ここで，v は物体の円周方向の速さ，r は物体の回転半径である。$r = h\tan\theta$ を使って円錐面からの抗力の各成分を表すと

$$F_x = \frac{mv^2}{h\tan\theta}$$

$$F_z = mg$$

したがって，抗力の二つの成分の比は

$$\frac{F_z}{F_x} = \frac{mg}{\dfrac{mv^2}{h\tan\theta}} = \frac{hg\tan\theta}{v^2} \qquad (1)$$

また抗力は円錐面に垂直であるから

$$\frac{F_z}{F_x} = \tan\theta \qquad (2)$$

式 (1)，(2) から

$$\tan\theta = \frac{hg\tan\theta}{v^2}$$

ゆえに

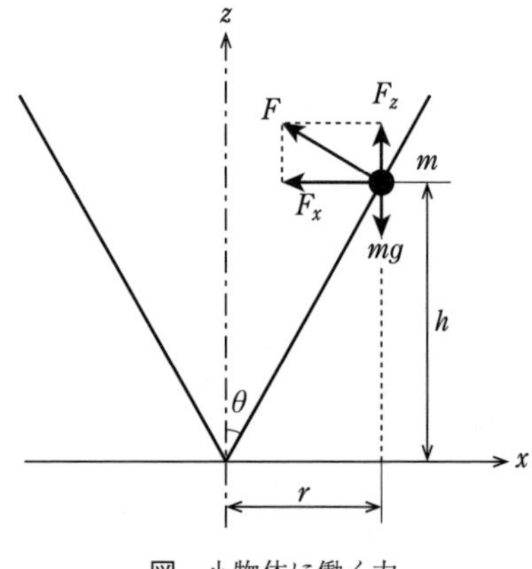

図　小物体に働く力

$$v = \sqrt{gh}$$

正解　3

問 15

天井の1点に固定された2本の長さが等しく伸縮しない糸の先に質量 m の小物体をそれぞれ取り付け，それぞれの小物体に正電荷 q を与えたところ，2個の小物体の間の距離が L となった。この時の2本の糸の間の角度を 2θ としたとき，$\tan\theta$ はどのように表されるか。正しいものを次の中から一つ選べ。ただし，重力加速度を g，クーロンの法則の比例定数を k とする。

1　$\dfrac{mg}{k}\left[\dfrac{L}{q}\right]^2$

2　$\dfrac{mg}{k}\left[\dfrac{q}{L}\right]^2$

3　$\dfrac{mg}{2k}\left[\dfrac{L}{q}\right]^2$

4　$\dfrac{2k}{mg}\left[\dfrac{q}{L}\right]^2$

5　$\dfrac{k}{mg}\left[\dfrac{q}{L}\right]^2$

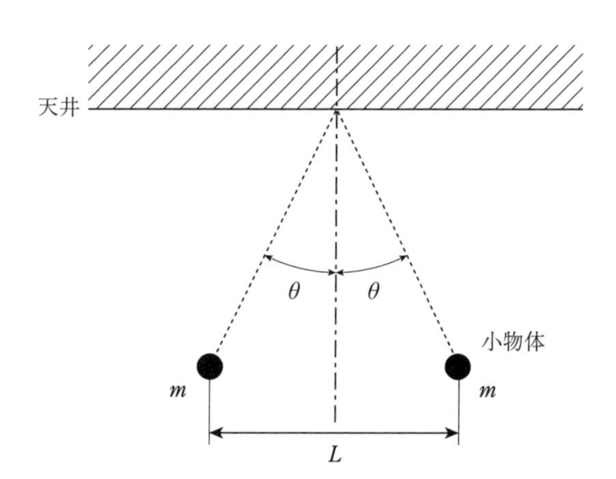

題意　力学と電磁気学の知識をみる。

解説　説明の便宜上，水平方向を x 方向，鉛直方向を z 方向とする。図に示したように糸の張力を T とすると，小物体が力学的に平衡するためには，張力の水平成分 F_x がクーロン力 $\dfrac{kq^2}{L^2}$ とつり合い，張力の鉛直成分 F_z が重力 mg とつり合えばよい。すなわち

$$F_x = \frac{kq^2}{L^2}$$

$$F_z = mg$$

である。また，$F_x = T\sin\theta$，$F_z = T\cos\theta$ であるから

$$\frac{F_x}{F_z} = \tan\theta$$

以上のことから

$$\tan\theta = \frac{kq^2/L^2}{mg} = \frac{k}{mg}\left(\frac{q}{L}\right)^2$$

正 解　**5**

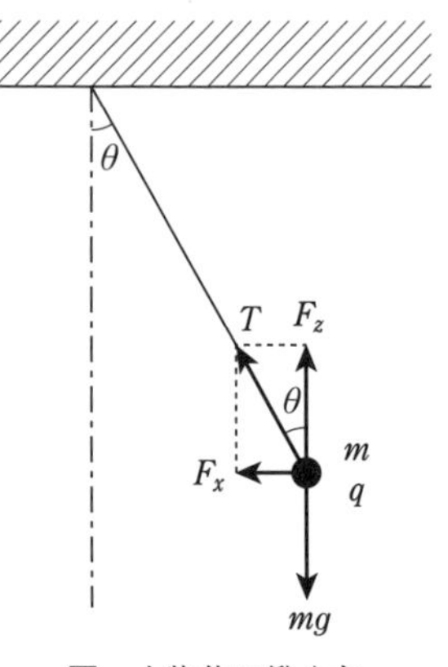

図　小物体に働く力

問 16

距離 d だけ離れた 2 枚の面積 S の平行電極からなるコンデンサがある。平行電極の間の空間は，図のように容積が半分になるように分割され，誘電率の異なる 2 つの物質で満たされている。これらの物質の誘電率を ε_1，ε_2 としたとき，図のコンデンサの電気容量はどのように表されるか。正しいものを次の中から一つ選べ。ただし，エッジ効果は無視できるとする。

1　$\dfrac{\varepsilon_1\varepsilon_2 S}{2d\,(\varepsilon_1+\varepsilon_2)}$

2　$\dfrac{\varepsilon_1\varepsilon_2 S}{d\,(\varepsilon_1+\varepsilon_2)}$

3　$\dfrac{(\varepsilon_1+\varepsilon_2)\,S}{2d\varepsilon_1\varepsilon_2}$

4　$\dfrac{(\varepsilon_1+\varepsilon_2)\,S}{d}$

5　$\dfrac{(\varepsilon_1+\varepsilon_2)\,S}{2d}$

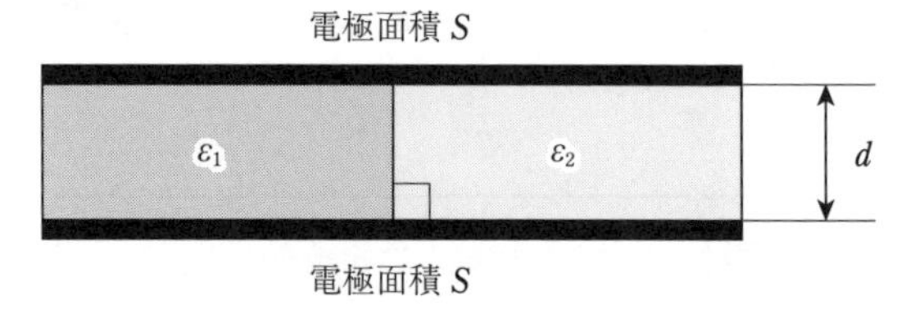

題 意　平行平板コンデンサの容量に関する知識をみる。

解 説　問題に与えられたコンデンサは，極板面積 $=\dfrac{S}{2}$，極板間隔 $=d$，誘電体の誘電率 $=\varepsilon_1$ のコンデンサ 1 と，極板面積 $=\dfrac{S}{2}$，極板間隔 $=d$，誘電体の誘電率 $=\varepsilon_2$ のコンデンサ 2 を並列に接続したものと等価である（問題文の図を参照）。コンデンサ 1 の容量は

$$\frac{\varepsilon_1 S}{2d}$$

コンデンサ2の容量は

$$\frac{\varepsilon_2 S}{2d}$$

である。

これらの二つのコンデンサを並列接続したコンデンサの容量は，おのおののコンデンサの容量の和であるから

$$\frac{\varepsilon_1 S}{2d}+\frac{\varepsilon_2 S}{2d}=\frac{(\varepsilon_1+\varepsilon_2)S}{2d}$$

【別解】 特別の場合として $\varepsilon_1=\varepsilon_2=\varepsilon$ の場合を考える。このときは誘電体として1種類の物質のみを用いた場合に相当するから，問題のコンデンサの容量は通常の平行平板コンデンサの容量

$$\frac{\varepsilon S}{d}$$

に一致するはずである。各選択肢の ε_1 と ε_2 を ε に置き換えて得られる式が，上式に一致するのは**5**の式だけである。

正解 **5**

問 17

日常見られる光の現象について，次の記述の中から正しいものを一つ選べ。

1 重なった木の葉の隙間から地面に投影される木漏れ日のパターンは隙間の形になる。

2 赤い光の方が青い光より空気中のチリで散乱されやすいために，夕日が赤く見える。

3 シャボン玉がさまざまな色に色づいて見えるのは光の回折による現象である。

4 空気中に浮かんでいる球状の水滴内で太陽光が2回屈折，1回反射するために生じる虹は，外側のリングが青色で内側のリングが赤色である。

5 太陽光のもとで水面下の魚を見ようとするとき，偏光板を使用して水面からの反射光を取り除くことで見えやすくなる。

【題 意】 日常的な光の現象に関する理解をみる。

【解 説】 各選択肢を順次検討する。

1：木の葉の隙間が小さい場合には，ピンホールカメラ（針穴写真機）と同じ原理で，地面には太陽の像が投影される。したがって木漏れ日のパターンは円形になる。誤り。

2：青い光より赤い光の方が空気中のチリによる散乱を受けにくい。夕日は地面にすれすれの角度で入射するので大気層を通過する距離が長い。したがって，太陽光のうち青い光は散乱によって取り除かれて，主として赤い光が目に届く。誤り。

3：シャボン玉は薄い透明なせっけん液の膜でできている。膜の表面からの反射光と裏面からの反射光が干渉して色がついて見える。したがってこれは光の干渉による現象である。誤り。

4：大気中に浮かんでいる球状の水滴によって，太陽光が2回屈折，1回反射して生じる虹は主虹と呼ばれる。主虹の色の順序は内側が青（紫），外側が赤である。誤り。

5：入射光に偏光がなくても反射光には偏光が生じる。このことを利用して，水面での反射光を偏光板で除去すれば，水中のものが見やすくなる。正しい。

【正 解】 **5**

問 18

図のように，A，B の小さなスピーカーから振動数の等しい逆位相の音を出す。図の点 P から観測者が AB に平行に移動すると聞こえる音の振幅は変化し，Q の位置に観測者が到達したとき，最初の極大になった。音の速さを 340 m/s として，音の振動数はいくらか。正しいものを次の中から一つ選べ。

1　680 Hz

2　850 Hz

3　1.4 kHz

4　1.7 kHz

5　3.4 kHz

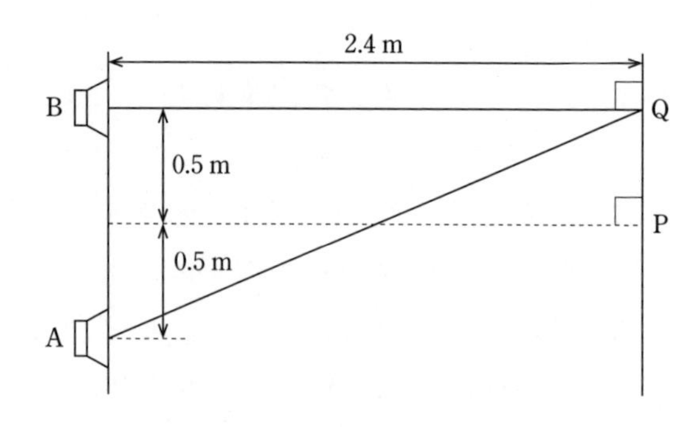

【題 意】 波の干渉に関する理解をみる。

【解 説】 観測者が点Pにいるときは，スピーカーAとスピーカーBからの距離が同じだから，逆位相の波が重なって音の振幅は最小になる。観測者が点Qに移動すると振幅が最初の極大になったのだから，距離AQと距離BQの差が半波長に相当することがわかる。

$$\mathrm{AQ}-\mathrm{BQ}=\sqrt{2.4^2+1^2}-2.4=0.2\,〔\mathrm{m}〕$$

したがって，音波の1波長は $0.2\times2=0.4$ m である。音の速さは 340 m/s であるから，波長 0.4 m の音波の振動数は $340/0.4=850$ Hz である。

【正 解】 **2**

問 19

図のように，薄い凸レンズAの前方に物体Oを置いたところ，凸レンズの後方 b の距離の位置Cに結像した。次に，凸レンズの後方 $\dfrac{b}{2}$ の位置に薄い凹レンズBを置いたところ，凸レンズの後方 $2b$ の位置Dに結像した。薄い凹レンズの焦点距離 f の大きさはいくらか。正しいものを次の中から一つ選べ。

1　$0.375b$

2　$0.75b$

3　b

4　$1.5b$

5　$2b$

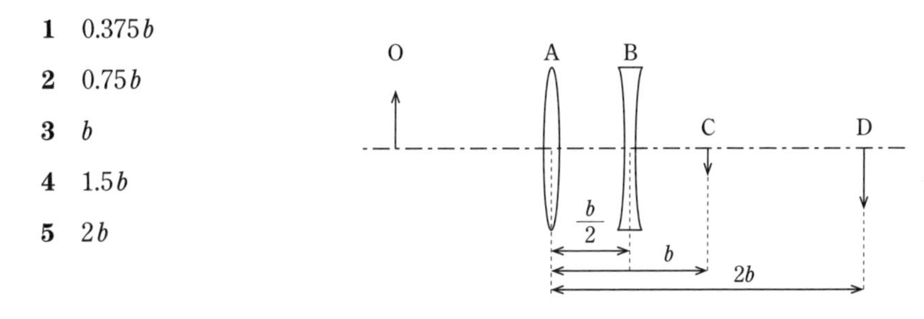

【題 意】 レンズの公式に関する理解をみる。

【解 説】 凹レンズBに対してレンズの公式を使う。レンズの公式は

$$\frac{1}{x}+\frac{1}{y}=\frac{1}{f}$$

である。ここで，x は物体とレンズの距離で，実物体（レンズの前方にある物体）の場合は正，虚物体（レンズの後方に仮想的に存在する物体）の場合は負である。y はレン

ズと像の距離で，実像（レンズの後方にできる像）の場合は正，虚像（レンズの前方にできる仮想的な像）の場合は負である。f は焦点距離で，凸レンズの場合は正，凹レンズの場合は負である。ただし「前方」とは，当該レンズの位置を境にして，進行する光が入射してくる側を指し，「後方」とは光が出ていく側を指す。

凸レンズAによる像Cを凹レンズにとっての物体と考えると，Cは凹レンズBの後方にあるから凹レンズにとっては虚物体である。また凹レンズの像はレンズの後方Dにあるから実像である。したがって x は負の量であり y は正の量である。その値は

$$x = -\left(b - \frac{1}{2}b\right) = -\frac{1}{2}b$$

$$y = 2b - \frac{1}{2}b = \frac{3}{2}b$$

である。これを上のレンズの公式に代入すると

$$-\frac{2}{b} + \frac{2}{3b} = \frac{1}{f}$$

となる。ゆえに

$$f = -\frac{3}{4}b$$

が得られる。すなわち凹レンズの焦点距離の大きさ $|f|$ は $0.75b$ である。

【正 解】 2

問 20

2.0 V の電位差で加速された電子の運動エネルギーがすべて電磁波（1個のフォトン）に変換されたとき，発生する電磁波の種類として正しいものを次の中から一つ選べ。ただし，真空中の光の速さ $c = 3.0 \times 10^{8}$ m/s，電気素量 $e = 1.6 \times 10^{-19}$ C，プランク定数 $h = 6.6 \times 10^{-34}$ J·s とする。

1　γ 線

2　X線

3　紫外線

4　可視光線

5　赤外線

題意　プランクの式に関する理解をみる。

解説　2.0 V で加速された電子のもつエネルギーは

$$2.0 \times e = 2.0 \times 1.6 \times 10^{-19} = 3.2 \times 10^{-19}\,\mathrm{J}$$

である。題意によりこのエネルギーがすべて 1 個のフォトンに変換されたとすると，フォトンに付随する波の振動数 ν はプランクの公式により

$$\nu = \frac{3.2 \times 10^{-19}}{h} = \frac{3.2 \times 10^{-19}}{6.6 \times 10^{-34}} = 0.49 \times 10^{15}\,〔\mathrm{Hz}〕$$

である。この電磁波の波長 λ は

$$\lambda = \frac{c}{\nu} = \frac{3.0 \times 10^{8}}{0.49 \times 10^{15}} = 0.62 \times 10^{-6}\,\mathrm{m} = 0.62\,\mu\mathrm{m}$$

波長 0.62 μm をもつ光は可視光線（波長 0.4 ～ 0.8 μm）である。**4** が正解。

正解　**4**

問 21

理想気体の内部エネルギーと仕事に関する記述の中で，誤っているものはどれか。次の中から一つ選べ。

1　理想気体の内部エネルギーの増加 ΔU は，加えられた熱量 Q と外からされた仕事 W の和となる。

2　定積変化の場合，理想気体の内部エネルギーの増加 ΔU は，加えられた熱量 Q に等しくなる。

3　定圧変化の場合，理想気体の内部エネルギーの増加 ΔU は，外からされた仕事 W に等しくなる。

4　等温変化の場合，理想気体に加えられた熱量 Q は，外にした仕事 W' に等しくなる。

5　断熱変化の場合，理想気体の内部エネルギーの増加 ΔU は，外からされた仕事 W に等しくなる。

題意　熱力学の第一法則に関する理解をみる。

解説　各選択肢を順次検討する。

1：熱力学の第1法則であって正しい。

2：定積変化では，理想気体と外界の間に仕事のやり取りは生じないから，内部エネルギーの増加は熱のやり取りのみによって生じる。正しい。

3：定圧変化の場合，内部エネルギーの変化は，外界との熱および仕事のやり取りによって生じる。したがって内部エネルギーの増加は $W+Q$ に等しくなる。誤り。

4：理想気体の内部エネルギーは温度が一定であれば常に一定である。したがって等温変化では $\Delta U=Q+W=0$ である。書き換えると $Q=-W=W'$。正しい

5：断熱変化の場合は，第1法則 $\Delta U=W+Q$ において $Q=0$ であるから $\Delta U=W$ となる。正しい。

【正 解】 **3**

【問】 22

質量 m の容器に，水を容器一杯になるまで入れると，全体の質量は m_1 となった。次に同じ容器に，別の液体を容器一杯に入れたところ，全体の質量は m_2 となった。この液体の密度として正しいものを次の中から一つ選べ。ただし，水の密度を ρ とする。

1　$\dfrac{m_2-m}{m_1-m}\rho$

2　$\dfrac{m_1-m}{m_2-m}\rho$

3　$\dfrac{m_2-m_1}{m}\rho$

4　$\dfrac{m_2}{m_1}\rho$

5　$\dfrac{m_1}{m_2}\rho$

【題 意】　ピクノメーターの原理に関する理解をみる。

【解 説】　質量 m の容器に水を満たすと質量が m_1 となったのだから，水の質量は m_1-m である。したがって容器の容積 V は

$$V=\frac{m_1-m}{\rho}$$

別の液体を満たすと質量が m_2 になったから，この液体の質量は m_2-m である。容器の容積 V は水をひょう量したときと同じだから，未知の液体の密度 d は

$$d=\frac{m_2-m}{V}=\frac{m_2-m}{\dfrac{m_1-m}{\rho}}=\frac{m_2-m}{m_1-m}\rho$$

【正解】 **1**

問 23

電荷の単位C（クーロン）のSI基本単位による表し方として正しいものを，次の中から一つ選べ。

1 A・s

2 A/m

3 V・s/Ω

4 A・m

5 A/s

【題意】 SI単位に関する知識をみる。

【解説】 1C（クーロン）は，1A（アンペア）の電流によって1s（秒）間に運ばれる電荷である。したがって **1** が正解である。**2**，**4**，**5** は次元が電荷の次元ではないから誤り。**3** は次元は正しいが，電位の単位Vや抵抗の単位ΩはSI基本単位ではない。

【正解】 **1**

問 24

内部の断面が一辺1.0mの正方形であるダクトの内部を，平均流速2.0m/sで空気が流れているとき，その体積流量の値として最も近いものを次の中から一つ選べ。

1 2 m^3/h

2 1 200 m^3/h

3 7 200 m^3/h

4　12 000 m^3/h

5　72 000 m^3/h

題意　体積流量に関する知識をみる。

解説　体積流量とは単位時間に移動する流体の体積である。一辺1.0 mの正方形ダクトの中を空気が毎秒2.0 mの流速で移動すると，毎秒移動する空気の体積は2.0 m^3である。したがって体積流量は2.0 m^3/sである。これを毎時の流量に変換すると $2.0\times60\times60=7\,200$ m^3/hである。**3**が正解。

正解　**3**

問 25

上部が開いた容器があり，密度ρの液体で満たされている。また，底面近くの側面に小さな穴が空いていて，この穴から液面までの高さはHである。次のρとHの組合せの中で，穴から噴き出す液体の速さが最も大きくなるものを一つ選べ。ただし，液体の粘度は無視できるほど小さいとする。また，容器の容量に対して，吹き出す液体の量は十分少なく，液面の高さの変化は無視できるとする。

1　$\rho=800$ kg/m^3,　$H=0.8$ m

2　$\rho=800$ kg/m^3,　$H=1.4$ m

3　$\rho=1\,000$ kg/m^3,　$H=0.7$ m

4　$\rho=1\,000$ kg/m^3,　$H=1.0$ m

5　$\rho=1\,000$ kg/m^3,　$H=1.3$ m

題意　ベルヌーイの定理に関する理解をみる。

解説　ベルヌーイの定理によれば，重力のもとでの非粘性，非圧縮性流体の定常な流れにおいて，1本の流線上でつぎの量が一定値をとる。

$$B=\frac{1}{2}v^2+\frac{p}{\rho}+gz=\text{一定}$$

ここで，vは流速，pは圧力，gは重力加速度，ρは流体の密度，zは鉛直方向座標である。

いま，z座標の原点を液面に取り，上記Bの液面付近における$B_{液面付近}$の値と穴の付近における$B_{穴付近}$の値を計算してみる。

液面付近では$z=0$，また題意により$v=0$，圧力pは大気圧p_0に等しい。密度をρとすると

$$B_{液面付近}=\frac{p_0}{\rho}$$

穴の付近では，$z=-H$，液体は大気圧にさらされているから圧力はp_0，密度は液面付近と同じと考えてよいからρである。したがって

$$B_{穴付近}=\frac{1}{2}v^2+\frac{p_0}{\rho}-gH$$

ベルヌーイの定理により，$B_{液面付近}$と$B_{穴付近}$の値は等しいから

$$\frac{1}{2}v^2+\frac{p_0}{\rho}-gH=\frac{p_0}{\rho}$$

となる。これより

$$v=\sqrt{2gH}$$

すなわち，穴の付近の流速vは，液体の密度によらないこと，またHが大きいほど大きいことがわかる。選択肢の中で最大のHは**2**の$H=1.4$ mである。

【正　解】 **2**

1.2　第69回（平成30年12月実施）

問 1

$\dfrac{1}{1+\sqrt{2}+\sqrt{3}}$ を有理化（分母に平方根を含まない形に変形）した結果として，正しいものを次の中から一つ選べ。

1 $\dfrac{2+\sqrt{2}-\sqrt{6}}{4}$

2 $\dfrac{-2+\sqrt{2}+\sqrt{6}}{4}$

3 $\dfrac{2-\sqrt{2}+\sqrt{6}}{4}$

4 $\dfrac{1-\sqrt{2}+\sqrt{3}}{2}$

5 $\dfrac{1+\sqrt{2}-\sqrt{3}}{2}$

【題 意】 代数の基礎知識をみる（分母の有理化）。

【解 説】 分母に無理数が二つ含まれるから，有理化は2段階で行う。

$\dfrac{1}{1+\sqrt{2}+\sqrt{3}}$ の分母分子に $1+\sqrt{2}-\sqrt{3}$ を掛けると

$$\frac{1}{1+\sqrt{2}+\sqrt{3}}=\frac{1+\sqrt{2}-\sqrt{3}}{(1+\sqrt{2}+\sqrt{3})(1+\sqrt{2}-\sqrt{3})}$$

$$=\frac{1+\sqrt{2}-\sqrt{3}}{(1+\sqrt{2})^2-3}$$

$$=\frac{1+\sqrt{2}-\sqrt{3}}{2\sqrt{2}}$$

となる。最右辺の分母分子に $\sqrt{2}$ を掛けると

$$\frac{1+\sqrt{2}-\sqrt{3}}{2\sqrt{2}}=\frac{\sqrt{2}\times(1+\sqrt{2}-\sqrt{3})}{\sqrt{2}\times 2\sqrt{2}}$$

$$=\frac{2+\sqrt{2}-\sqrt{6}}{4}$$

【正 解】 **1**

問 2

10 進法で 30^{30} は何桁の数か。正しいものを次の中から一つ選べ。ただし，$\log_{10}3 = 0.477$ とする。

1　42 桁

2　43 桁

3　44 桁

4　45 桁

5　46 桁

題意　対数の意味と計算方法の理解をみる。

解説　10 進数の桁数は，その数の常用対数の整数部に 1 を加えたものである（下の注を参照）。

30^{30} の常用対数は

$$\log_{10} 30^{30} = 30 \log_{10}(3 \times 10)$$
$$= 30(\log_{10} 3 + \log_{10} 10)$$
$$= 30(0.477 + 1) = 44.31$$

したがって，この数の桁数は $44 + 1 = 45$ である。

注：十進法では $n + 1$ 桁の整数 p は

$$p = m \times 10^n \qquad (1 < m < 10)$$

と表せる（例えば，5 桁の整数 12 345 は $1.234\,5 \times 10^4$ で，$m = 1.234\,5$，$n = 4$ である）。

p の常用対数をとると

$$\log_{10} p = \log_{10} m + n$$

である。ここで，$0 < \log_{10} m < 1$ であるから，n は $\log_{10} p$ の整数部である。したがって，p の桁数 $n + 1$ は $\log_{10} p$ の整数部に 1 を加えたものである。

正解　4

問 3

ベクトル $\vec{b} = (4, 3)$ を，二つのベクトル $\vec{a_1} = (1, 2)$，$\vec{a_2} = (2, 1)$ の線形結合で

$$\vec{b} = C_1 \vec{a_1} + C_2 \vec{a_2}$$

と表したときの係数 C_1, C_2 として正しいものを次の中から一つ選べ。

	C_1	C_2
1	$\frac{2}{3}$	$\frac{5}{3}$
2	$\frac{1}{3}$	$\frac{2}{3}$
3	$\frac{2}{3}$	$\frac{1}{3}$
4	$\frac{1}{4}$	$\frac{3}{4}$
5	$\frac{3}{4}$	$\frac{1}{4}$

【題 意】 ベクトルに関する基礎知識をみる。

【解 説】 題意より

$$\begin{pmatrix}4\\3\end{pmatrix} = C_1\begin{pmatrix}1\\2\end{pmatrix} + C_2\begin{pmatrix}2\\1\end{pmatrix}$$

ベクトルの計算法では，上式はつぎの連立一次方程式と同じである。

$$C_1 + 2C_2 = 4$$

$$2C_1 + C_2 = 3$$

この連立方程式は簡単に解けて，$C_1 = \frac{2}{3}$, $C_2 = \frac{5}{3}$ である。

【正 解】 **1**

問 4

2 次方程式 $2x^2 - 2x + 1 = 0$ の二つの解を α, β とするとき，$\alpha^3 + \beta^3$ の値として正しいものを次の中から一つ選べ。

1 $-\frac{1}{2}$

2 $-\frac{1}{4}$

3 $\frac{1}{4}$

4　$\dfrac{1}{2}$

5　1

【題 意】 2次方程式の根と係数の関係についての知識をみる。

【解 説】 2次方程式 $ax^2+bx+c=0$ の根 α, β と係数の関係は

$$\alpha+\beta=-\frac{b}{a}$$

$$\alpha\beta=\frac{c}{a}$$

である。この問題では $a=2$, $b=-2$, $c=1$ であるから

$$\alpha+\beta=-\frac{-2}{2}=1$$

$$\alpha\beta=\frac{1}{2}$$

となる。他方

$$(\alpha+\beta)^3=\alpha^3+3\alpha^2\beta+3\alpha\beta^2+\beta^3=\alpha^3+\beta^3+3\alpha\beta(\alpha+\beta)$$

であるから

$$\alpha^3+\beta^3=(\alpha+\beta)^3-3\alpha\beta(\alpha+\beta)=1^3-3\times\frac{1}{2}\times1=-\frac{1}{2}$$

【正 解】 **1**

問 5

0から8までの9種類の数字からなる正の整数1, 2, 3, 4, 5, 6, 7, 8, 10, 11, …, 87, 88, 100, 101, …を小さい順に並べた。このとき，2018番目の数はいくらか。正しいものを次の中から一つ選べ。

1　2582

2　2682

3　2782

4　3642

5　3742

【題 意】 整数に関する知識をみる。

【解 説】 つぎの**表**は，整数を 1 から始めて，増分 1 で小さいものから順に書き並べたものである。左のコラム（第 1 列）は整数を 10 進数で書いて並べたものであり，右のコラム（第 2 列）は 9 進数で書いたものである。

表　10 進数と 9 進数の対応

10 進数	9 進数
1	1
2	2
3	3
4	4
5	5
6	6
7	7
8	8
9	10
10	11
⋮	⋮
79	87
80	88
81	100
82	101
⋮	⋮
2017	2681
2018	2682
2019	2683
⋮	⋮

すると，右のコラムの数列は，本問における「0 から 8 までの 9 種類の数字からなる正の整数を小さい順に並べた」ものになっている。これは 9 進数の定義から当然そうなるべきである。したがって，上から「2018 番目の数」とは，左の 10 進数列において 2018 を探し，そのすぐ右に書かれている 9 進数がそれである。すなわち 2682 である。10 進数 2018 の 9 進数 2682 への変換は次式のように計算すればよい。

$$2018 = 2 \cdot 9^3 + 6 \cdot 9^2 + 8 \cdot 9^1 + 2$$

【正 解】 **2**

問 6

次の中から等式として誤っているものを一つ選べ。ただし，A および B は実数である。

1　$\sin(A-B)=\sin A\cos B-\cos A\sin B$

2　$\cos(A+B)=\cos A\cos B-\sin A\sin B$

3　$\sin(\pi-A)=\sin A$

4　$\sin\left(A+\dfrac{\pi}{2}\right)=\cos A$

5　$\cos\left(A+\dfrac{\pi}{2}\right)=\sin A$

【題 意】　三角関数の公式の理解をみる。

【解 説】　各選択肢を順次検討する。

1 および **2**：加法定理であって正しい。加法定理の公式は覚えている必要がある。

3 以下は，**図**のように単位円と動径を描いてみればわかりやすい。

3：図(a)において，点Pの y 座標が $\sin A$ であり，点Qの y 座標が $\sin(\pi-A)$ である。図を見るとこれらは等しいことがわかる。正しい。

4：図(b)において，点Pの x 座標が $\cos A$ であり，点Qの y 座標が $\sin\left(A+\dfrac{\pi}{2}\right)$ である。図を見るとこれらは等しいことがわかる。正しい。

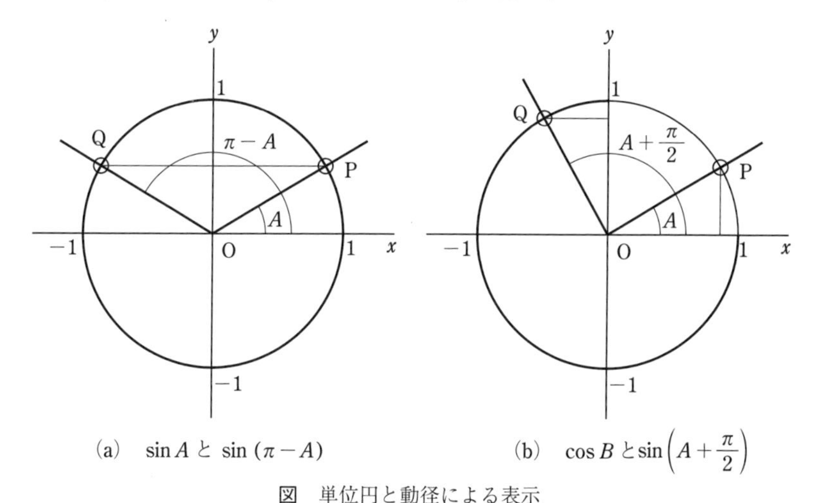

(a)　$\sin A$ と $\sin(\pi-A)$　　(b)　$\cos B$ と $\sin\left(A+\dfrac{\pi}{2}\right)$

図　単位円と動径による表示

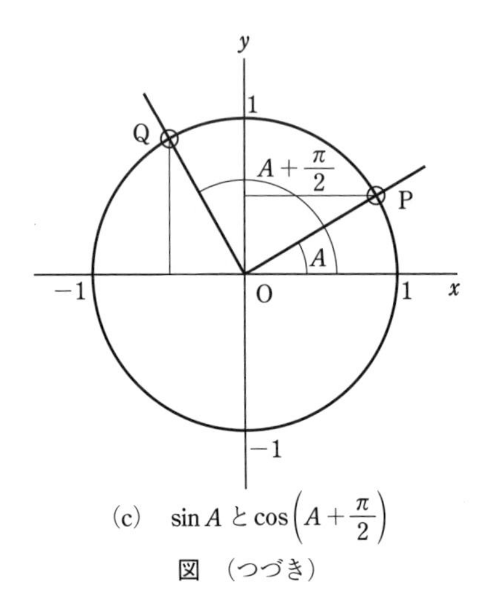

(c)　$\sin A$ と $\cos\left(A+\frac{\pi}{2}\right)$

図　（つづき）

5：図 (c) において，点 P の y 座標が $\sin A$ であり，点 Q の x 座標が $\cos\left(A+\frac{\pi}{2}\right)$ である。これらは大きさは等しいが符号が逆である。誤り。

正 解　**5**

問 7

xy 平面上の曲線 $y=x^3$ と $x=y^3$ で囲まれる図形の総面積の値として正しいものを次の中から一つ選べ。

1　$\frac{3}{4}$

2　$\frac{4}{5}$

3　1

4　$\frac{5}{4}$

5　$\frac{4}{3}$

題 意　積分に関する基礎的知識をみる。

解 説　$y=x^3$ と $y=x^{\frac{1}{3}}$ のグラフを描くと**図**のようになる。二つの曲線で囲まれ

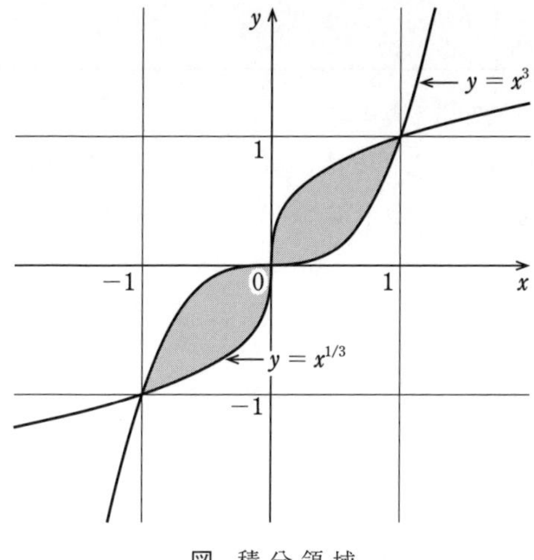

図　積分領域

る図形は二つの領域からなるが，対称性からこれらの領域は同じ面積である。ただし，二つの領域の積分値は絶対値は同じであるが符号が異なる。したがって図形の総面積を求めるには，関数の差 $x^{\frac{1}{3}}+x^3$ を $x=0$ から $x=1$ まで積分して，その積分値を 2 倍すればよい。

$$2\int_0^1\left(x^{\frac{1}{3}}-x^3\right)dx=2\left[\frac{3}{4}x^{\frac{4}{3}}-\frac{1}{4}x^4\right]_0^1$$

$$=2\left(\frac{3}{4}-\frac{1}{4}\right)=1$$

正 解　**3**

問 8

行列 $\begin{pmatrix}1 & -\mathrm{i}\\ a & 1\end{pmatrix}$ の固有ベクトルの一つが $\begin{pmatrix}a\\ 1\end{pmatrix}$ であるとき，a の値として正しいものを次の中から一つ選べ。ただし，i は虚数単位とする。

1　$-\mathrm{i}$

2　-1

3　0

4　1

5　i

【題意】 行列の基礎知識をみる。

【解説】 正方行列 $\boldsymbol{A}$ に対してゼロでないベクトル $\boldsymbol{x}$ が存在して，$\boldsymbol{Ax}=\lambda\boldsymbol{x}$ が成り立つとき，$\boldsymbol{x}$ を行列 $\boldsymbol{A}$ の固有ベクトルという。ここに λ はスカラー量で固有値という。本問では

$$\boldsymbol{A}=\begin{pmatrix}1 & -\mathrm{i}\\ a & 1\end{pmatrix} \qquad \boldsymbol{x}=\begin{pmatrix}a\\ 1\end{pmatrix}$$

であるから，$\boldsymbol{x}$ が $\boldsymbol{A}$ の固有ベクトルであれば

$$\begin{pmatrix}1 & -\mathrm{i}\\ a & 1\end{pmatrix}\begin{pmatrix}a\\ 1\end{pmatrix}=\lambda\begin{pmatrix}a\\ 1\end{pmatrix} \tag{a}$$

が成り立つ。左辺は

$$\begin{pmatrix}1 & -\mathrm{i}\\ a & 1\end{pmatrix}\begin{pmatrix}a\\ 1\end{pmatrix}=\begin{pmatrix}a-\mathrm{i}\\ a^2+1\end{pmatrix}$$

であるから，式 (a) はつぎの連立方程式と同じである。

$$a-\mathrm{i}=\lambda a$$

$$a^2+1=\lambda$$

λ を消去すると

$$a^3=-\mathrm{i}$$

ゆえに，$a=\mathrm{i}$ である。

【正解】 **5**

問 9

以下の極限の値として正しいものを次の中から一つ選べ。

$$\lim_{\theta\to 0}\frac{\sin\theta}{\theta}$$

1　0

2　$\dfrac{1}{\pi}$

3　1

4　e

5　π

〔題 意〕 三角関数の極限に関する基礎知識をみる。

〔解 説〕 θを角度のSI単位であるラジアンで表した場合，$\lim_{\theta \to 0} \frac{\sin\theta}{\theta} = 1$である。これは三角関数の微分を導くための基本公式で，微分法を習った人は誰でも記憶している式である。

〔メモ〕 θをラジアンで表した場合は上の極限値は1であるが，度（°）で表した場合は極限値は$\frac{\pi}{180} = 0.001745\cdots\cdots$となる。選択肢にはこの数字は含まれていないから，ラジアンと考えて解答する。

〔正 解〕 **3**

問 10

確率・統計に関する次の記述の中から誤っているものを一つ選べ。

1　ベルヌーイ試行を定まった回数だけ繰り返すときの成功回数が従う確率分布は二項分布になる。

2　分散の非負の平方根は平均偏差である。

3　平均μ，分散σ^2を持つ正規分布関数の変曲点における確率変数は$\mu \pm \sigma$である。

4　確率変数の密度関数は非負で，全区間での積分値は1である。

5　仮説検定において，帰無仮説に相反するのは対立仮説である。

〔題 意〕 確率・統計に関する基礎知識をみる。

〔解 説〕 選択肢を順次検討する。

1：ベルヌーイ試行とは，コインを投げたときに表が出るか裏が出るかといったように，生起する結果が二つしかない試行のことである。いま，二つの結果の一方を「成功」とし，他方を「失敗」とし，1回の試行で「成功」が出る確率をpとする。このとき，n回のベルヌーイ試行を行ってk回成功する確率$P(k)$は，

$$P(k) = {}_nC_k p^k (1-p)^{n-k} \qquad (k = 0, 1, 2, \cdots, n-1, n)$$

で表される。この確率分布$P(k)$を二項分布という。ここで，pとnは二項分布を特徴づけるパラメータ（母数）である。正しい。

2：分散の非負の平方根は標準偏差である。誤り。

3：平均 μ，分散 σ^2 をもつ正規分布関数は

$$f(x)=\frac{1}{\sqrt{2\pi}\,\sigma}\exp\left(-\frac{(x-\mu)^2}{2\sigma^2}\right)$$

で，その変曲点は $x=\mu\pm\sigma$ である。正しい。

4：基礎知識より正しい。

5：基礎知識より正しい。

【正解】 **2**

問 11

ある会社の二つの工場AとBで同じ部品を作っている。不良品が出る確率はそれぞれA工場では $\frac{1}{25}$，B工場では $\frac{1}{50}$ であり，また，A工場とB工場の部品の製造数の割合は1：3である。今，両工場の部品から1個を無作為に取り出したとき，それが不良品である確率として正しいものを次の中から一つ選べ。

1　$\frac{1}{25}$

2　$\frac{3}{100}$

3　$\frac{1}{30}$

4　$\frac{1}{40}$

5　$\frac{1}{50}$

【題意】 確率に関する理解をみる。

【解説】 A工場で N 個の部品を製造し，B工場で $3N$ 個の部品を製造した場合，発生すると期待される不良品の個数 E を計算する。E は各工場の製造数 × 不良確率の和であるから

$$E=\frac{1}{25}N+\frac{1}{50}3N=\frac{N}{10}$$

である。総数 $4N$ 個の部品のうち $\frac{N}{10}$ 個が不良品であると期待されるから，両工場トー

タルの不良確率は

$$\frac{\frac{N}{10}}{4N} = \frac{1}{40}$$

正 解 4

問 12

当たりくじ三つと外れくじ二つが入った壺から二つのくじを同時に取り出すとき，当たりくじが一つ，外れくじが一つ出る確率として正しいものを次の中から一つ選べ。

1 $\frac{3}{10}$

2 $\frac{1}{2}$

3 $\frac{3}{5}$

4 $\frac{7}{10}$

5 $\frac{4}{5}$

題 意 確率に関する理解をみる。

解 説 壺から二つのくじを同時に取り出すことは，壺からまず一つのくじを取り出し，それを壺に戻さないでもう一つのくじを取り出すことと同じである。以下二つの解法を示す。

〔解法1〕 最初に引いたくじが当たりで次に引いたくじが外れである確率を計算する。最初にくじを引くときは，壺の中に五つのくじが入っており，そのうち三つが当たりであるから，当たりを引く確率は$\frac{3}{5}$である。2番目にくじを引くときは全部で4個のくじが壺に入っており，そのうち2個が外れであるから，外れくじを引く確率は$\frac{2}{4}$である。したがって，まず当たりくじを引いて次に外れくじを引く確率は$\frac{3}{5}\times\frac{2}{4}=\frac{3}{10}$である。

つぎに，最初に引いたくじが外れで，そのつぎに引いたくじが当たりである確率を計算する。上とまったく同様の考え方で確率は $\frac{2}{5}\times\frac{3}{4}=\frac{3}{10}$ である。

題意の「当たりくじが一つ，外れくじが一つ」出るためには，上の二つの事象のどちらが生起してもよいから（和事象），求める確率は上の二つの確率の和である。

$$\frac{3}{10}+\frac{3}{10}=\frac{3}{5}$$

〔解法 2〕 まず二つとも当たりくじである確率を計算する。全部で五つのくじが入っていて，そのうち三つが当たりくじであるから，最初に引いたくじが当たりくじである確率は $\frac{3}{5}$ である。

つぎに 2 番目のくじを引くときは，壺の中には全部で四つのくじが入っていて，そのうち二つが当たりくじである。したがって，2 番目のくじも当たりである確率は $\frac{2}{4}$ である。よって，二つともに当たりくじである確率 p_2 は

$$p_2=\frac{3}{5}\times\frac{2}{4}=\frac{3}{10}$$

つぎに二つとも外れくじである確率 p_0 を計算すると，上とまったく同じ考え方で

$$p_0=\frac{2}{5}\times\frac{1}{4}=\frac{1}{10}$$

当たりくじが一つ，外れくじが一つ出る確率 p_1 は，上の二つの事象がともに生起しない（余事象）確率であるから

$$p_1=1-p_2-p_0=1-\frac{3}{10}-\frac{1}{10}=\frac{3}{5}$$

である。

正 解　**3**

問 13

図のように，水平に等加速度運動している電車内で，床から高さ h の天井の点 P に，質量 m のおもりを長さ d のひもでつるした。このとき，ひもは鉛直線に対して θ 傾いて静止した。ひもが突然切れたとき，おもりは電車の床のどこに落ちるか。点 P の真下の，床上の点 O からの距離として正しいものを次の中から一つ選べ。ただし，ひもの質量は無視でき，伸縮しないものとする。また，空気抵抗は無視する。

1　$d\sin\theta$

2　$h\tan\theta$

3　$h\tan\theta - d\sin\theta$

4　$h\tan\theta + d\sin\theta$

5　$2h\tan\theta$

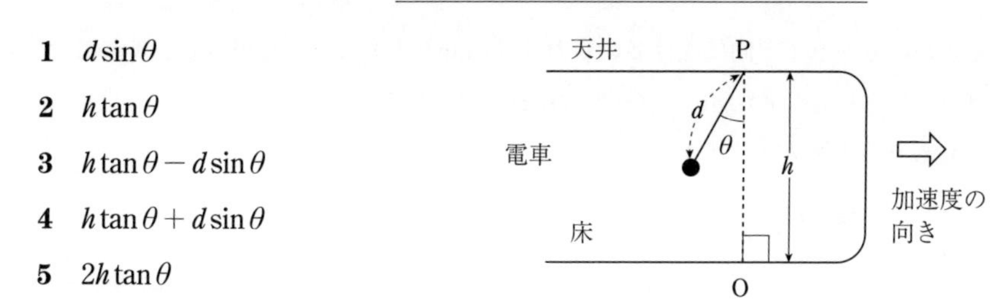

【題　意】　落体の問題。慣性力の正しい理解が要求される。

【解　説】　二つの解法を示す。

〔解法1〕　慣性系に対して加速度を持つ系では，系内の物体には系の加速度と反対方向に慣性力が働く。題意によれば，おもりには重力と一定の慣性力が同時に働いて，その合力は鉛直方向から角θだけ傾いている。慣性力は系内の物体につねに働いているから，糸の束縛がなくなってもおもりに作用する。したがってこの電車内では，あたかも「重力」が鉛直方向からθだけ傾いた方向に働いていると見なすことができる。

糸が切れて張力が働かなくなると，おもりは鉛直からθだけ傾いた「重力」の方向（点線矢印の方向）に加速度的に「落下」する。したがって，着地点は糸の方向を床までまっすぐに伸ばしたところ，すなわち点Aである。点Aと点Oの距離xは，**図**からわかるように$h\tan\theta$である。

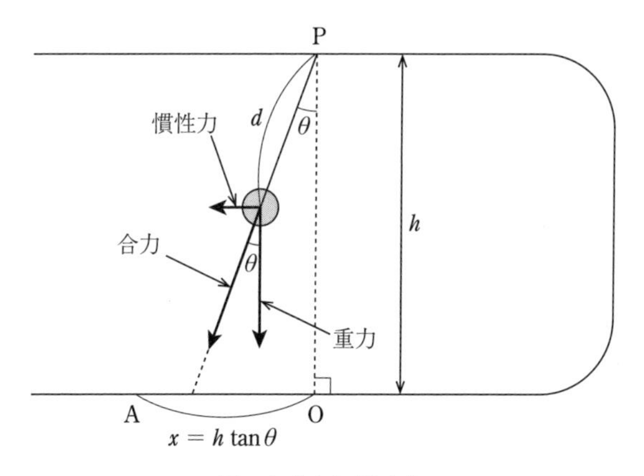

図　おもりに働く力

〔解法2〕　おもりの運動を，水平方向と鉛直方向に分けて考える。

まず水平方向の運動を考える。題意により糸は鉛直方向から角θだけ傾いているから，おもりが水平方向に受けている力は $mg\tan\theta$ である。したがって，糸が切れたあとは，おもりは水平方向には加速度 $g\tan\theta$，初速度 0 で動く。したがって点Oから測ったおもりの水平方向位置 x は

$$x = d\sin\theta + \frac{1}{2}g\tan\theta \cdot t^2 \qquad \text{(a)}$$

で与えられる。ここで，$d\sin\theta$ は水平方向の初期位置，t は時間で，糸が切れた時点が $t=0$ である。

つぎに鉛直方向の運動を考える。鉛直方向へは加速度 g，初速度 0 で運動するから，おもりが糸を離れてから着地するまでの時間を t とすると

$$h - d\cos\theta = \frac{1}{2}gt^2$$

である。ここに左辺，$h - d\cos\theta$，はおもりの初期高さである。ゆえに

$$t^2 = \frac{2\,(h - d\cos\theta)}{g}$$

これを式 (a) に代入すると

$$x = d\sin\theta + \frac{1}{2}g\tan\theta \cdot \frac{2\,(h - d\cos\theta)}{g}$$

$$= d\sin\theta + h\tan\theta - d\sin\theta$$

$$= h\tan\theta$$

正解 2

問 14

電圧 3 V の電池 E に，抵抗値 0.4 kΩ，1 kΩ，1.5 kΩ の抵抗 R_A，R_B，R_C と静電容量 1 μF のコンデンサーCを，導線を用いて図のように接続した。十分時間がたった後，コンデンサーに蓄えられているエネルギーとして，正しいものを次の中から一つ選べ。ただし，電池の内部抵抗および導線の抵抗は無視する。

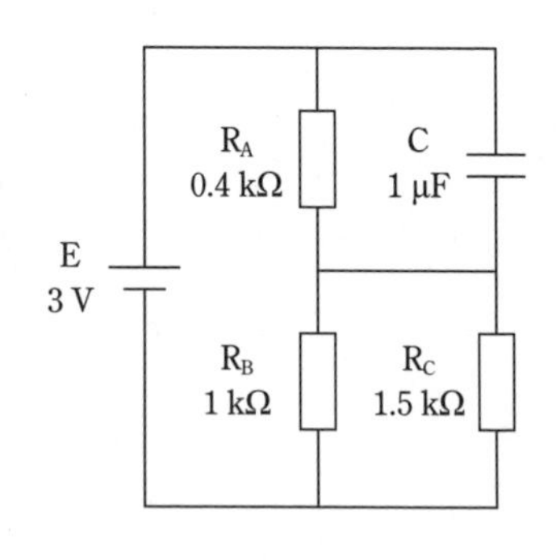

1　0 μJ

2　0.37 μJ

3　0.72 μJ

4　1.4 μJ

5　4.5 μJ

【題 意】 電気回路に関する理解をみる。

【解 説】 電池を接続したあと，電流が安定して定常状態となったときには，コンデンサCには電流は流れない。したがって，この回路は，直流的には，抵抗 R_B と R_C を並列接続したものに抵抗 R_A を直列に接続したものである。したがって，電池から見たこの回路の抵抗は

$$R_A + \frac{1}{\frac{1}{R_B}+\frac{1}{R_C}} = 0.4 + \frac{1}{\frac{1}{1}+\frac{1}{1.5}} = 1 \text{〔kΩ〕}$$

である。ゆえに3 Vの電池を接続したときに抵抗 R_A に流れる電流は3 mAである。静電容量 $C = 1$ μFのコンデンサCには抵抗 R_A の電圧降下分の電圧 $V = 3 \times 10^{-3} \times 0.4 \times 10^3 = 1.2$ Vがかかる。コンデンサに蓄えられるエネルギー E はつぎのように与えられる。

$$E = \frac{1}{2}CV^2 = \frac{1}{2} \times 1 \times 10^{-6} \times 1.2^2$$

$$= 0.72 \times 10^{-6} \text{〔J〕}$$

すなわち，0.72 μJである。

【正 解】 **3**

問 15

図1のように，磁束密度 $\vec{B}$ の一様な磁場中に，長さ L の導体棒を磁場に直交する向きに置き，導体棒の長さ方向に電流 I を流す。このとき導体棒に働く力の大きさを F とする。次に，この導体棒に電流を流すのをやめ，**図2**のように，磁場の向きと棒の向きに直交する方向に速さ v で動かした。このとき，導体棒の両端に起電力 V が発生した。ここで，Fv の大きさとして正しいものを次の中から一つ選べ。ただし，$B = |\vec{B}|$ である。

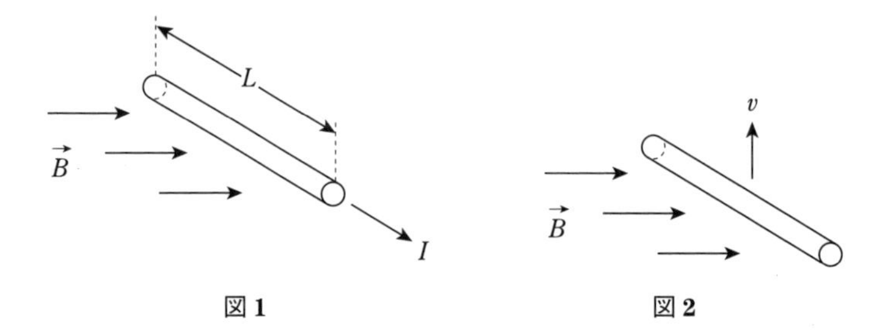

図 1　　　　図 2

1　0

2　$\dfrac{IV}{2}$

3　$\dfrac{IVB}{L}$

4　$\dfrac{IVL}{B}$

5　IV

［題 意］　磁場中の電流に働く力と電磁誘導の法則に関する理解をみる。

［解 説］　磁場（磁束密度$\vec{B}$）中に置かれた長さLの導体棒に電流$\vec{I}$を流すと，棒は磁場から力$\vec{F}=L\vec{I}\times\vec{B}$を受ける。棒が直線状で磁場と直交している場合には，棒が磁場から受ける力の大きさは，棒の長さL当り

$$F=IBL \tag{a}$$

である（注 1 参照）。ただし，F，Bはそれぞれ$\vec{F}$，$\vec{B}$の大きさである。

長さLの導体棒が磁場（磁束密度$\vec{B}$）の中を速度$\vec{v}$で動くと，ファラデーの電磁誘導の法則により，導体棒の両端には誘導起電力Vが生じる。導体棒が磁場に垂直で，速度$\vec{v}$が磁場の向きにも棒の向きにも垂直な場合には，Vは次式で与えられる（注 2 参照）。

$$V=vBL \tag{b}$$

ただし，vは$\vec{v}$の大きさである。

ゆえに，求めるFvは

$$Fv=IBL\times\frac{V}{BL}=IV$$

となる。

〔**注1**〕：磁場が電流に及ぼす力　　電流に力が働くのは，導体内で電流を担う荷電粒子（電子，正孔等）が磁場からローレンツ力を受けるためである（**図**(a) 参照）。ここではまっすぐな導線（導体棒）中を流れる電流を考える。荷電粒子の電荷を q，導体中を荷電粒子が流れる平均速度を $\vec{u}$ とすると，荷電粒子1個当りに作用するローレンツ力は $q\vec{u}\times\vec{B}$ である。導線の単位長さ当りに含まれる荷電粒子の数を n とすると，導線の長さ L 当りに作用する力は，その区間に存在する荷電粒子の個数 nL をかけて $\vec{F}=nLq\vec{u}\times\vec{B}$ である。ここで電流 $\vec{I}$ は $\vec{I}=nq\vec{u}$ であるから，けっきょく $\vec{F}=L\vec{I}\times\vec{B}$ である。本問のように電流の向きが磁場の向きに垂直な場合には，力の大きさは $F=IBL$ である。これが上の式 (a) である。ただし，$I=|\vec{I}|$，$B=|\vec{B}|$ とする。

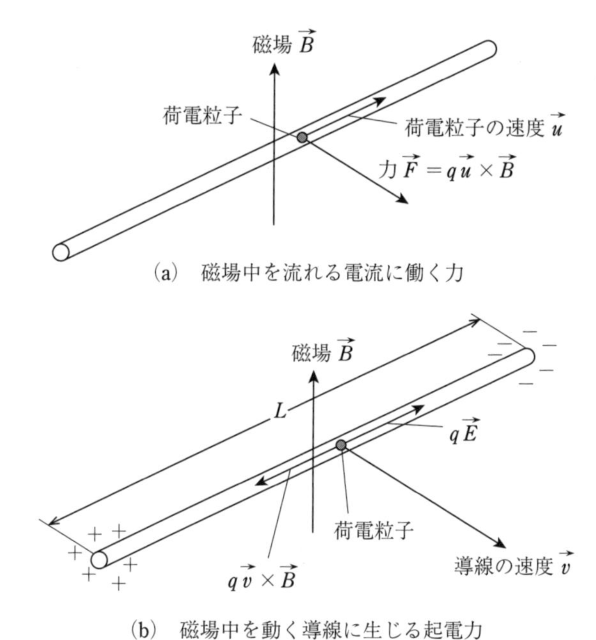

(a)　磁場中を流れる電流に働く力

(b)　磁場中を動く導線に生じる起電力

図　荷電粒子が磁場から受ける力

〔**注2**〕：誘導起電力　　磁場を横切って動く導線に生じる誘導起電力を，導線内の荷電粒子に働く力のつり合いから考える（図(b) 参照）。一様な磁場 $\vec{B}$ 内に磁場に垂直に置かれた導線を，磁場にも導線にも垂直な方向へ速度 $\vec{v}$ で動かす。すると導線内の荷電粒子は磁場からローレンツ力 $F_B=|q\vec{u}\times\vec{B}|=qvB$ を受けるが，導線の両端は開

いていて閉回路になっていないため，定常的な電流は流れることができない。では，個々の荷電粒子はローレンツ力 F_B を受けているのにどうして動かないのだろうか。じつは，このとき導線内には導線に平行な誘導電場 $\vec{E}$ が生じていて，この電場からの力 $F_E=|q\vec{E}|=qE$（ただし $E=|\vec{E}|$）と磁場からの力 F_B がつり合って，荷電粒子は動かないのである。すなわち

$$qvB=qE$$

である。ゆえに $E=vB$ である。導線の両端の電位差 V は LE であるから，誘導起電力 V は $V=vBL$ である。これが上の式 (b) である。

ちなみに，電場 $\vec{E}$ は導線の両端に現れる電荷によって生じる（図 (b)）。導線が動き始めたとき，磁場からのローレンツ力によって電荷が移動して図のような配置になる。定常状態では電荷の移動は停止し，図のような電荷分布が維持される。

正 解 5

問 16

図のように，単色光が直角二等辺三角形のプリズムの A の位置に入射し，B の位置で全反射したのち，C の位置から出射した。C の位置から出射する光とプリズムの一辺とのなす角 θ ($0° < \theta < 90°$) として，正しいものを次の中から一つ選べ。

1 15°

2 30°

3 45°

4 60°

5 75°

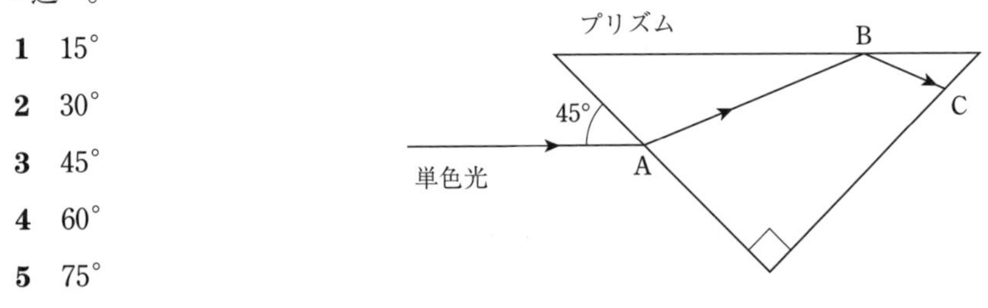

題 意 光の屈折の法則の理解をみる。

解 説 光はプリズム内の点 B において全反射しているから入射角と反射角は等しい。すなわち，**図**において

$$\angle PBA=\angle QBC$$

また，プリズムは二等辺三角形であるから

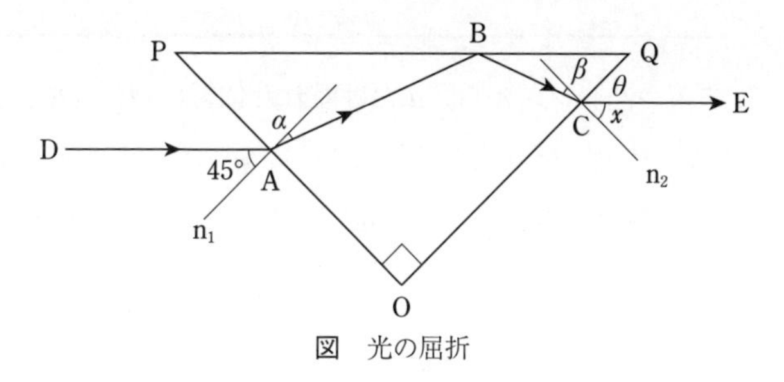

図　光の屈折

$\angle APB = \angle CQB\ (= 45^\circ)$

三角形の内角の和は 180° であるから

$$\angle PAB = \angle QCB \qquad \text{(a)}$$

図のように，点 A における屈折角を α とし，点 C における入射角を β とする。このとき

$$\alpha = \angle PAB - 90^\circ$$

$$\beta = \angle QCB - 90^\circ$$

であるから，式 (a) を使うと

$$\alpha = \beta$$

である。

つぎに点 A と C における屈折を考える。点 A における入射角（入射光 DA と法線 n_1 のなす角）は $90^\circ - \angle DAP = 45^\circ$である。プリズムの屈折率を n_p，周囲の媒体の屈折率を n_a とすると，スネルの法則から，点 A では

$$\frac{\sin 45^\circ}{\sin\alpha} = \frac{n_p}{n_a}$$

が成り立つ。また点 C での屈折では，屈折角を x とすると

$$\frac{\sin x}{\sin\beta} = \frac{n_p}{n_a}$$

が成り立つ。ゆえに

$$\frac{\sin 45^\circ}{\sin\alpha} = \frac{\sin x}{\sin\beta}$$

である。ここで，$\alpha = \beta$ であるから $x = 45^\circ$ であることがわかる。したがって，C で出射する光とプリズム面のなす角 θ は $\theta = 90^\circ - x = 90^\circ - 45^\circ = 45^\circ$ である。

正解　**3**

問 17

焦点距離がfの薄い凸レンズから，aだけ離れた位置に物体Aを置き，レンズからbの位置にスクリーンを置くと結像した。レンズからスクリーンまでの距離bとして正しいものを次の中から一つ選べ。ただし，$a>f$，$b>f$とする。

1　$\dfrac{f^2}{a}$

2　$\dfrac{a(a-f)}{f}$

3　$\dfrac{f(a-f)}{a}$

4　$\dfrac{af}{a-f}$

5　$\dfrac{a^2}{f}$

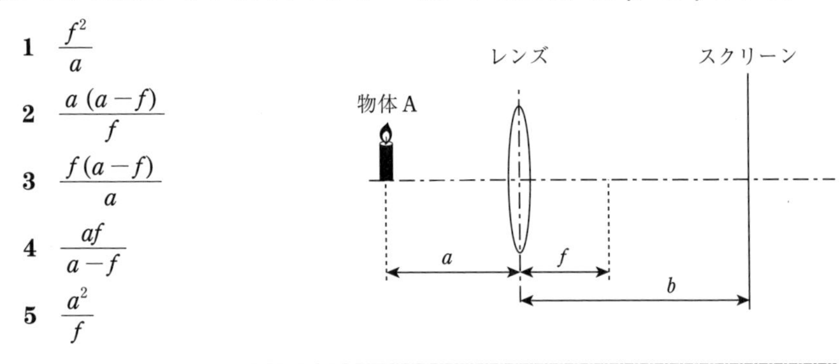

題意　レンズの公式に関する理解をみる。

解説　レンズの公式

$$\frac{1}{a}+\frac{1}{b}=\frac{1}{f}$$

より

$$b=\frac{1}{\dfrac{1}{f}-\dfrac{1}{a}}=\frac{1}{\dfrac{a-f}{af}}=\frac{af}{a-f}$$

正解　**4**

問 18

ある金属に光をあてたときに光電効果によって電子が放出されるためには，光の波長が300 nmより短い必要がある。この金属に，波長150 nmの光を当てたときに放出される電子の最大の速さとして，最も近いものを次の中から一つ選べ。ただし，電子の質量を9.1×10^{-31} kg，プランク定数を6.6×10^{-34} J・s，真空中の光の速さを3.0×10^{8} m/sとする。

1　1.2×10^{7} m/s

2　3.8×10^6 m/s

3　1.2×10^6 m/s

4　3.8×10^5 m/s

5　1.2×10^5 m/s

【題 意】　光電効果に対する理解をみる。

【解 説】　金属に光を当てたときに跳び出す光電子の最大の速さを v とし，当てた光の振動数を ν とすると

$$\frac{1}{2}mv^2 = h\nu - W$$

の関係がある。ここに W は仕事関数と呼ばれ，電子がその金属から跳び出すために必要な最低のエネルギーである。また m は電子の質量，h はプランク定数である。

光電子を発生することのできる光の振動数の下限を ν_0 とする。この振動数の光を当てたときは $v = 0$ で，上の式より $W = h\nu_0$ である。これを上の式に代入すると

$$\frac{1}{2}mv^2 = h(\nu - \nu_0)$$

光の振動数は $\dfrac{\text{光の速さ}}{\text{波長}}$ であるから，題意より

$$\nu_0 = \frac{3.0 \times 10^8}{300 \times 10^{-9}} = 1 \times 10^{15}$$

$$\nu = \frac{3.0 \times 10^8}{150 \times 10^{-9}} = 2 \times 10^{15}$$

である。また

$$h = 6.6 \times 10^{-34}$$

$$m = 9.1 \times 10^{-31}$$

であるから

$$v = \sqrt{\frac{2h(\nu - \nu_0)}{m}}$$

$$= \sqrt{\frac{2 \times 6.6 \times 10^{-34} \times (2-1) \times 10^{15}}{9.1 \times 10^{-31}}}$$

$$= 1.2 \times 10^6 \ [\mathrm{ms^{-1}}]$$

【正 解】 **3**

---- 問 **19** ----

ボーアは，電子が原子核の周りを半径 r，速さ v で安定に円運動するためには，電子の角運動量の大きさが，$n\dfrac{h}{2\pi}$ $(n=1, 2, \cdots)$ でなければならないと考えた。ここで，h はプランク定数である。この考えは，半径 r の円周の長さが電子のド・ブロイ波長の整数倍に等しいとき，定在波ができるので安定であると解釈できる。この解釈が成り立つとき，電子のド・ブロイ波長として正しいものを次の中から一つ選べ。ただし，電子の質量を m とする。

1 $\dfrac{mv}{2\pi h}$

2 $\dfrac{mv}{h}$

3 $\dfrac{h}{2\pi mv}$

4 $\dfrac{h}{mv}$

5 $\dfrac{2\pi h}{mv}$

【題 意】 ド・ブロイ波に関する理解をみる。

【解 説】 二つの解法を示す。

〔解法 1〕 粒子の運動量を p とすると，その粒子のド・ブロイ波長 λ は $\dfrac{h}{p}$ である（物質波の基礎知識）。このことを知っていれば，$p=mv$ であるから

$$\lambda=\frac{h}{mv}$$

である。

〔解法 2〕 題意に沿った考え方をすると以下のとおりである。

円運動では，回転の動径ベクトル $\vec{r}$ と電子の速度ベクトル $\vec{v}$ は互いに直交するから，角運動量の大きさは $|\vec{r}\times m\vec{v}|=rmv$ で与えられる。ここに r と v はそれぞれ $\vec{r}$，$\vec{v}$ の大きさである。すると題意（ボーアの考え）より

$$rmv=n\cdot\frac{h}{2\pi}$$

と書ける。ここに n は整数である。ゆえに

$$\frac{2\pi r}{n}=\frac{h}{mv}$$

となる。この式を題意（定在波の条件）と照らし合わせてみれば，ド・ブロイ波長は $\frac{h}{mv}$ であればよいことがわかる。

【正 解】 **4**

---- 問 **20** ----

一定の周波数 f の音を出しながら，平らな地面に垂直に固定された壁の正面に向かって車が一定の速さ v で直進しているとき，車に乗っている人が観測する，壁から反射してきた音の周波数として正しいものを次の中から一つ選べ。ただし，音の速さは一定の値 V とし，$V>v$ とする。また，風の影響は無視する。

1　$\frac{f(V-v)}{V+v}$

2　$\frac{f(V+v)}{V-v}$

3　$\frac{f(V-v)}{V}$

4　$\frac{fV}{V-v}$

5　f

【題 意】 ドップラー効果に関する理解をみる。

【解 説】 音源や音の観測者が動いていると，観測される音波の周波数は音源の周波数とは異なる。これが音波のドップラー効果である。

いま音源の速さを v_s，観測者の速さを v_o とすると，音源の発した周波数 f の音は，観測者には周波数 f' の音として観測される。音速を V とすると，f と f' の間には次の関係がある（風がない場合）。

$$f'=f\times\frac{V-v_o}{V-v_s}$$

ただし，v_s と v_o の符号は，音源から観測者の方に向かう向きを正とする。

まず速さ v で動いている自動車から発せられた周波数 f の音波を，静止した壁の位

置で観測した場合に観測される周波数をf_{wall}とする。上の公式を使うとf_{wall}は次式で与えられる。

$$f_{\mathrm{wall}}=f\times\frac{V}{V-v}$$

なぜなら，この場合は観測者の速さは$v_{\mathrm{o}}=0$であり，音源の速さは正（$v_{\mathrm{s}}=+v$）だからである。

つぎに壁で反射された周波数f_{wall}の音波を，自動車に乗った人が観測した場合の周波数f_{echo}を計算する。これも同じ公式を使って

$$f_{\mathrm{echo}}=f_{\mathrm{wall}}\times\frac{V+v}{V}$$

と計算される。なぜなら，この場合は音源の速さは$v_s=0$であり，観測者の速さは負（$v_{\mathrm{o}}=-v$）だからである。以上二つの式からf_{wall}を消去すると

$$f_{\mathrm{echo}}=f\frac{V}{V-v}\frac{V+v}{V}=f\frac{V+v}{V-v}$$

となる。

【正 解】 **2**

問 21

ステンレス鋼でできた物体がある。温度が10℃上昇したとき，この物体の密度はどうなるか。最も近いものを次の中から一つ選べ。ただし，このステンレス鋼の線膨張係数を$2\times10^{-5}\,\mathrm{K}^{-1}$とする。

1　0.06％小さくなる。

2　0.02％小さくなる。

3　変わらない。

4　0.02％大きくなる。

5　0.06％大きくなる。

【題 意】 熱膨張に関する理解をみる。

【解 説】 体膨張係数は線膨張係数の3倍であることを使う。このステンレス鋼の線膨張係数は$2\times10^{-5}\,\mathrm{K}^{-1}$であるから体膨張係数$\alpha$は$6\times10^{-5}\,\mathrm{K}^{-1}$である。はじめ

V_0 であった体積が，$\Delta T = 10\,\mathrm{K}$ の温度上昇によって V になったとすると

$$V = V_0(1+\alpha\Delta T) = V_0(1+6\times10^{-5}\times10)$$
$$= V_0(1+0.000\,6)$$

である。したがって体積は 0.06 %増加する。質量は温度によって変わらないから，密度は 0.06 %減少する。

正解 1

問 22

水の相図（状態図）とその説明文の中で，（ア）～（ウ）の中に入る文字と数字の組み合わせとして，正しいものを次の中から一つ選べ。

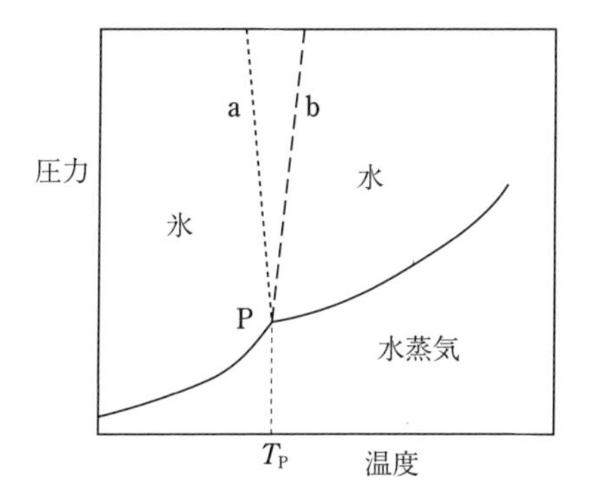

点 P は（ア）と呼ばれ，その温度 T_P は（イ）K である。また，融解曲線付近の氷に圧力を加えると，とけて水となることから，図の曲線 a と b で，融解曲線として正しいのは（ウ）である。

	（ア）	（イ）	（ウ）
1	氷点	273.15	a
2	氷点	273.16	b
3	三重点	273.15	a
4	三重点	273.16	b
5	三重点	273.16	a

【題　意】 水の三重点付近での物性と相図に関する理解をみる。

【解　説】 点Pは，液相の水，固相の氷，気相の水蒸気が共存する点であるから三重点である。三重点の温度は一定で，ITS-90では273.16 Kと定義されている。したがって，正解は**4**か**5**である。

つぎに，加圧すると氷が水になるという観測事実について考える。**図**の線aを融解曲線と仮定して，そのすぐそばの氷の相の側に点1をとり，その点から出発して縦軸に平行な線を上に向かって引く（温度一定のまま圧力を上げる）。するとこの線は融解曲線aを越えて水の相に到達することができる（点2）。このことは「圧力を加えると，とけて水になる」という問題文の記述に合致する。

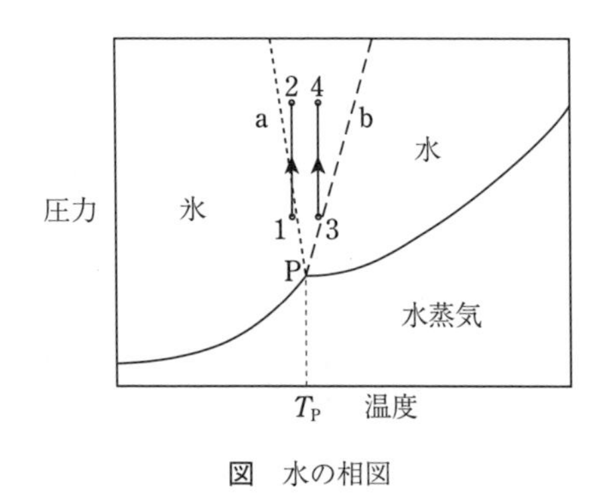

図　水の相図

次に，図の線bが融解曲線であると仮定して，そのすぐそばの氷の相の側に点3をとって，その点から出発して縦軸に平行な線を上に向かって引く（温度一定のまま圧力を上げる）。この線は圧力を上げても氷の相内にあって水の相に到達できない（点4）。

以上のことから，観測事実に整合する融解曲線はaであることがわかる。

【正　解】 **5**

問 23

次に示す量の，単位の名称と記号の中から，SI基本単位として正しいものを一つ選べ。

	量	単位の名称	記号
1	光度	カンデラ	cd
2	平面角	度	°
3	体積	リットル	L
4	比の対数	デシベル	dB
5	磁束密度	ガウス	G

【題意】 SI単位の基礎的理解を問う。

【解説】 SIの基本単位は，長さ（m），質量（kg），時間（s），電流（A），温度（K），物質量（mol），光度（cd）の七つである。したがって，選択肢のうち，SI基本単位は**1**の光度，カンデラ，cdである。

【正解】 **1**

問 24

断面積が0.5 m^2 の管路の内部を理想気体が流れている。この管路の途中に熱交換器が取り付けられており，気体の熱交換器の入口での温度が200 K，出口での温度が300 Kであった。熱交換器の入口での体積流量が600 m^3/h で一定であり，入口と出口での気体の圧力差が無視できるほど小さいとき，出口での断面平均流速の値として最も近いものを次の中から一つ選べ。

1　0.18 m/s

2　0.5 m/s

3　1.8 m/s

4　3.6 m/s

5　5 m/s

【題意】 理想気体の状態方程式の理解をみる。

【解説】 熱交換器の入口で200 Kであった気体が，出口で300 Kに温められていると，熱膨張のために気体の体積が増加し，熱交換器の出口での体積流量は入口での体積流量より大きくなる。

気体の圧力を p，体積を V，絶対温度を T，気体のモル数を n とする。また管路の入口における値にはサフィックス in を，出口における値にはサフィックス out を付けることにする。すると，理想気体の状態方程式から

$$P_{in}V_{in} = n_{in}RT_{in} \tag{1}$$

$$P_{out}V_{out} = n_{out}RT_{out} \tag{2}$$

題意より $P_{in} = P_{out}$ である。また単位時間内に管路から流出する気体のモル数は，同じ時間内に管路に流入する気体のモル数に等しいから，$n_{in} = n_{out}$ である。ここに R は気体定数である。

式 (2) を式 (1) で辺々相除すると

$$\frac{V_{out}}{V_{in}} = \frac{T_{out}}{T_{in}} = \frac{300}{200} = 1.5$$

したがって，入口における体積流量が 600 $\mathrm{m^3/h}$ であれば出口における体積流量は $600 \times 1.5 = 900$〔$\mathrm{m^3/h}$〕である。管路の断面積は 0.5 $\mathrm{m^2}$ であるから，出口での流速は $900/0.5 = 1\,800$〔$\mathrm{mh^{-1}}$〕である。これを秒速に変換すると

$$1\,800〔\mathrm{mh^{-1}}〕 = \frac{1\,800}{60 \times 60}〔\mathrm{ms^{-1}}〕 = 0.5〔\mathrm{ms^{-1}}〕$$

【正　解】 **2**

問 25

上部が開いた容器があり，密度 ρ の液体で満たされている。また，底面近くの側面に小さな穴が空いていて圧力計が取り付けられている。この穴から液面までの高さは H である。穴の位置での液体による圧力が最も大きくなる，ρ と H の組み合わせを次の中から一つ選べ。ただし，液体は静止しているものとする。

1　$\rho = 800\ \mathrm{kg/m^3}$，$H = 0.8\ \mathrm{m}$

2　$\rho = 800\ \mathrm{kg/m^3}$，$H = 1.4\ \mathrm{m}$

3　$\rho = 800\ \mathrm{kg/m^3}$，$H = 1.6\ \mathrm{m}$

4　$\rho = 1\,000\ \mathrm{kg/m^3}$，$H = 1.0\ \mathrm{m}$

5　$\rho = 1\,000\ \mathrm{kg/m^3}$，$H = 1.4\ \mathrm{m}$

【題 意】　静止流体の力学的つり合いに関する知識をみる。

【解 説】　一定密度ρの流体（縮まない流体）が重力下で静止しているとき，液面から深さHにおける液圧pは

$$p = p_0 + \rho g H$$

で与えられる。ここにp_0は液面における圧力（大気圧等），gは重力加速度の大きさである。各選択肢における穴の位置での液圧を計算してみると

1　$p = p_0 + 800 \times 0.8 \times g = p_0 + 640g$〔N/m^2〕

2　$p = p_0 + 800 \times 1.4 \times g = p_0 + 1\,120g$〔N/m^2〕

3　$p = p_0 + 800 \times 1.6 \times g = p_0 + 1\,280g$〔N/m^2〕

4　$p = p_0 + 1\,000 \times 1.0 \times g = p_0 + 1\,000g$〔N/m^2〕

5　$p = p_0 + 1\,000 \times 1.4 \times g = p_0 + 1\,400g$〔N/m^2〕

となる。液体による圧力$p - p_0$が最も大きいのは**5**の$1\,400g$である。

【正 解】　**5**

1.3　第70回（令和元年12月実施）

問 1

図の正六角形ABCDEFにおいて，$\overrightarrow{AB}=\vec{a}$，$\overrightarrow{BC}=\vec{b}$とするとき，$\overrightarrow{EC}$を$\vec{a}$，$\vec{b}$で表したものとして正しいものを次の中から一つ選べ。

1　$-\vec{a}+2\vec{b}$

2　$-2\vec{a}+\vec{b}$

3　$2\vec{a}-2\vec{b}$

4　$\vec{a}-2\vec{b}$

5　$2\vec{a}-\vec{b}$

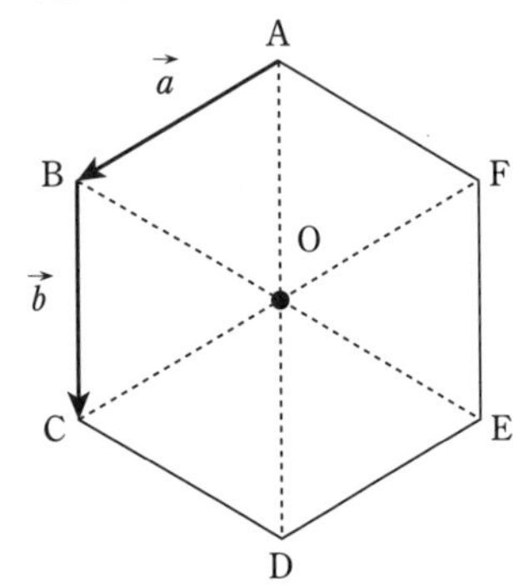

題意　ベクトルの加減算の理解をみる。

解説　ベクトル$\overrightarrow{EC}$をベクトル$\vec{a}$，$\vec{b}$に平行なベクトルから合成することを考える。すると**図**からわかるように，$\overrightarrow{EC}=\overrightarrow{EF}+\overrightarrow{FC}$である。他方，ベクトルの長さと向きに注意すると，$\overrightarrow{EF}=-\vec{b}$，$\overrightarrow{FC}=2\vec{a}$である。したがって，$\overrightarrow{EC}=2\vec{a}-\vec{b}$である。

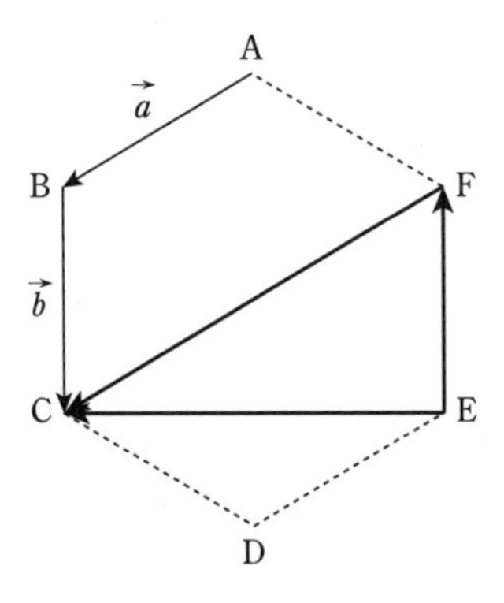

図　ベクトルの合成

正解　**5**

問 2

実関数

$$y = |x+2|(x+1)|x-1|$$

のグラフとして正しいものを次の中から一つ選べ。ただし，$|\cdots|$は絶対値記号であり，各図中のOはxy座標の原点を表す。

1

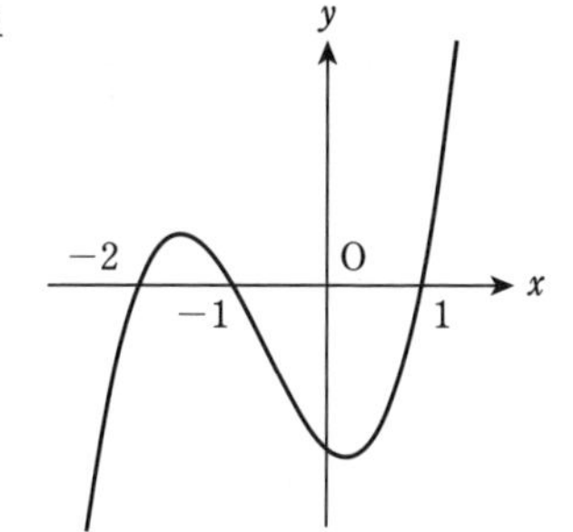

2

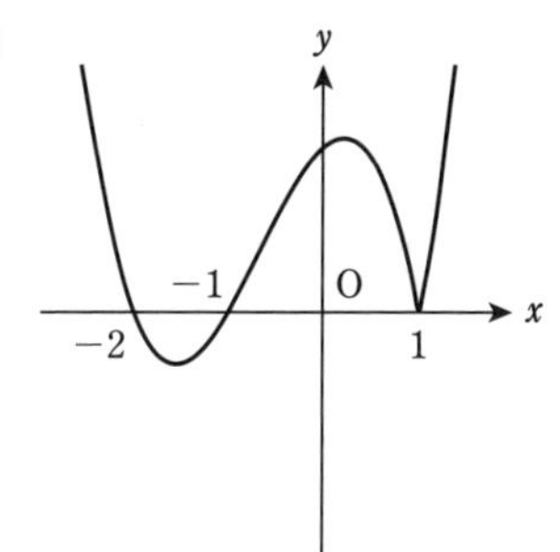

3

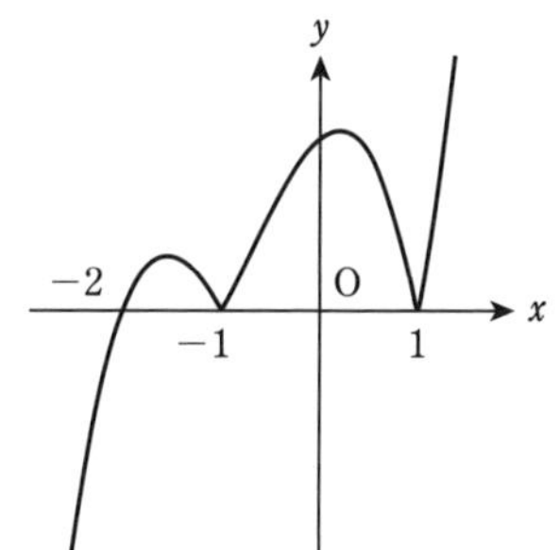

4

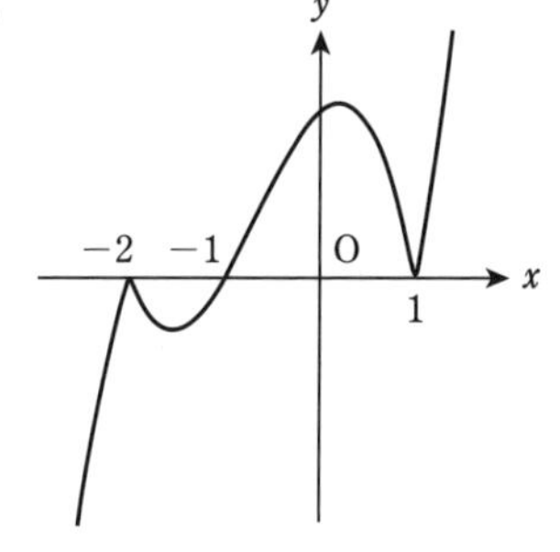

5

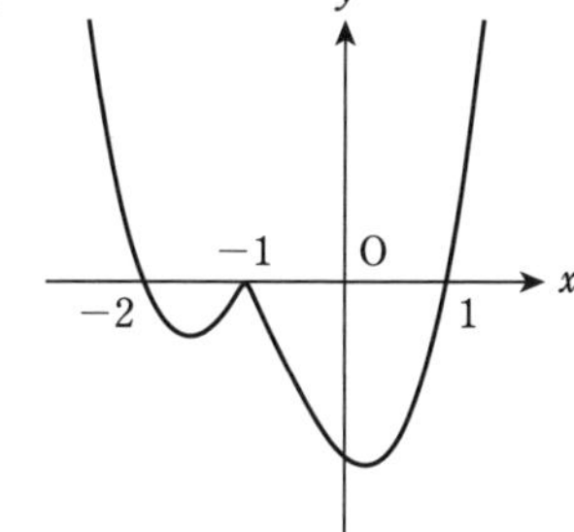

【題 意】 関数とグラフに関する理解をみる。

【解 説】 関数 $y=|x+2|(x+1)|x-1|$ の右辺において，$|x+2|$ と $|x-1|$ の値はつねに正または0となるから，y の符号はつねに $(x+1)$ の符号と同じになる。$(x+1)$ は，$x<-1$ のときは負，$x=-1$ のときは0，$x>-1$ のときは正である。したがって y の符号も同じように変化する。この条件を満たすのは **4** のグラフだけである。

【正 解】 **4**

問 3

$\log_{10}12^{15} \approx 16.19$ であるから，12^{15} は10進法によって表記すると，17桁の数となる。この数を2進法で表記すると何桁の数になるか。正しいものを次の中から一つ選べ。ただし，$\dfrac{1}{\log_{10}2}=3.32$ とする。

1　51

2　52

3　53

4　54

5　55

【題 意】 対数に関する理解をみる。

【解 説】 いま $12^{15}=A$ とおくと，A を2進数で表した場合の桁数は，$\log_2 A$ の整数部に1を加えた数になる（下の補足説明を参照）。対数の公式より

$$\log_{10} A=\frac{\log_2 A}{\log_2 10}$$

であるから，

$$\log_2 A=\log_{10} A\times\log_2 10=\log_{10} A\frac{1}{\log_{10}2}$$

$$=\log_{10} A\times 3.32=16.19\times 3.32=53.75$$

となる。ゆえに，12^{15} を2進数で表した場合の桁数は54である。

〔補足説明〕 n 桁の10進整数 x は，$x=a\times 10^{n-1}$ と書くことができる。ここに $1\leqq a<10$ である。例えば5桁の整数12 345は $1.234\,5\times 10^4$ と書ける。10進整数 x の桁数

を求めるには，まず x の常用対数をとる。

$$\log_{10} x = \log_{10} a + \log_{10} 10^{n-1} = (n-1) + \log_{10} a$$

ここで，$1 \leqq a < 10$ だから $0 \leqq \log_{10} a < 1$ である。したがって，上の式において，$(n-1)$ は $\log_{10} x$ の整数部，$\log_{10} a$ は $\log_{10} x$ の小数部を表している。ゆえに x の桁数は，対数 $\log_{10} x$ の整数部 $n-1$ に1を加えた数である。

2進数 y の場合もまったく同じである。m 桁の2進整数 y は，$y = b \times 2^{m-1}$ と書くことができる。ここに $1 \leqq b < 2$ である。例えば，5桁の2進整数 $(10\,111)_2$ は $(1.011\,1)_2 \times 2^4$ と書ける。2を底とする y の対数をとると

$$\log_2 y = \log_2 b + \log_2 2^{m-1} = (m-1) + \log_2 b$$

ここに，$1 \leqq b < 2$ だから $0 \leqq \log_2 b < 1$ である。したがって，上の式において $(m-1)$ は $\log_2 y$ の整数部，$\log_2 b$ は $\log_2 y$ の小数部を表している。ゆえに10進数の場合と同様に，$\log_2 y$ の整数部 $m-1$ に1を加えた数が2進数 y の桁数 m である。

【正解】 **4**

問 4

$\sin 2x = \sin 3x$ のとき，x の値として正しいものを次の中から一つ選べ。

ただし，x の単位はラジアンであり，$0 < x < \dfrac{\pi}{2}$ とする。

1　$\dfrac{\pi}{6}$

2　$\dfrac{\pi}{5}$

3　$\dfrac{\pi}{4}$

4　$\dfrac{\pi}{3}$

5　$\dfrac{2\pi}{5}$

【題意】　三角関数の理解をみる。

【解説】　グラフを描いてみればわかるように，$x = a$ と $x = \pi - a$ は $\sin x = \sin a$ の解であるが，正弦関数が周期 2π の周期関数であることを考慮して，一般的に次式のように置く。

$$x = a + 2n\pi$$

または

$$x = \pi - a + 2n\pi = (2n+1)\pi - a$$

ここで，n は整数である。

したがって，$\sin 2x = \sin 3x$ のときは

$$2x = 3x + 2n\pi \qquad (1)$$

または

$$2x = (2n+1)\pi - 3x \qquad (2)$$

である。式 (1) から

$$x = -2n\pi \qquad (3)$$

式 (2) から

$$x = \frac{2n+1}{5}\pi \qquad (4)$$

となる。式 (3) と式 (4) はどちらも解であるが，n が整数値をとるとき，$0 < x < \frac{\pi}{2}$ の範囲に入るのは，式 (4) において $n = 0$ の場合だけである。すなわち，$x = \frac{1}{5}\pi$ である。

正解 **2**

問 5

図のように，1辺の長さが1の立方体を3点A，L，Mを通る平面で切断するとき，切断面ALMの面積の値として正しいものを次の中から一つ選べ。ただし，点L，点Mは，それぞれ辺EH，辺EFの中点とする。

1 $\frac{3}{8}$

2 $\frac{\sqrt{6}}{6}$

3 $\frac{1}{2}$

4 $\frac{5}{8}$

5 $\frac{\sqrt{6}}{3}$

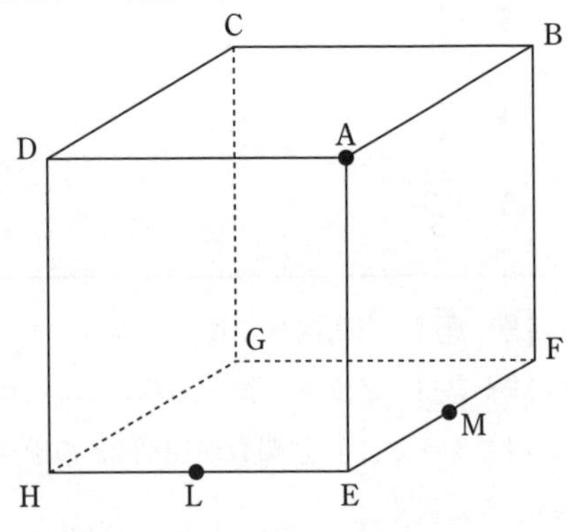

題　意　ピタゴラスの定理に関する理解をみる。

解　説　図のように線 LM の中点を O とする。三角形 ALM の面積を求めるには，線分 LM の長さと線分 AO の長さがわかればよい。三角形 LEM は直角二等辺三角形であり，その辺 EM，LE の長さはともに 1/2 であるから，線分 LM の長さはその$\sqrt{2}$倍，すなわち

$$\mathrm{LM}=\frac{\sqrt{2}}{2}$$

である。三角形 EOL も直角二等辺三角形であるから，線分 OE の長さは線分 LO の長さに等しく，したがって線分 LM の長さの半分である。すなわち

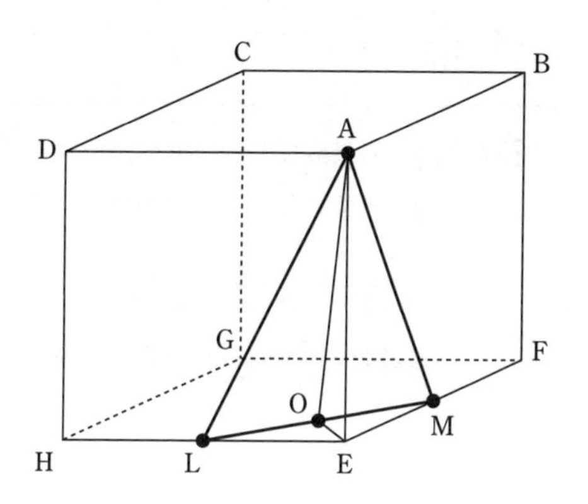

$$\mathrm{OE}=\frac{\sqrt{2}}{4}$$

である。三角形 AOE も直角三角形であり，線分 AO はその斜辺である。また辺 AE の長さは 1 であるから，線分 AO の長さはピタゴラスの定理により

$$\mathrm{AO}=\sqrt{(\mathrm{AE})^2+(\mathrm{OE})^2}=\sqrt{1+\frac{1}{8}}=\frac{3\sqrt{2}}{4}$$

となる。三角形 ALM の面積 S は

$$S=\frac{(\mathrm{LM}\times\mathrm{AO})}{2}=\frac{\left(\frac{\sqrt{2}}{2}\times\frac{3\sqrt{2}}{4}\right)}{2}=\frac{3}{8}$$

である。

正　解　**1**

問 6

無限級数の和

$$\sum_{n=1}^{\infty}\frac{1}{n\,(n+3)}$$

の値として，正しいものを次の中から一つ選べ。

1　$\dfrac{1}{2}$

2　$\dfrac{5}{9}$

3　$\dfrac{11}{18}$

4　$\dfrac{2}{3}$

5　$\dfrac{13}{18}$

［題 意］　無限級数の和の計算に関する理解をみる。

［解 説］　級数の各項を二つの分数に分解すると，第 n 項は

$$\frac{1}{n(n+3)}=\frac{1}{3}\left(\frac{1}{n}-\frac{1}{n+3}\right)$$

となる。級数の各項の右辺 () 内の値を，$n=1$ から最初の 5 項だけを書き出してみると

$$n=1\text{ の項}:\left(\frac{1}{1}-\frac{1}{4}\right)$$

$$n=2\text{ の項}:\left(\frac{1}{2}-\frac{1}{5}\right)$$

$$n=3\text{ の項}:\left(\frac{1}{3}-\frac{1}{6}\right)$$

$$n=4\text{ の項}:\left(\frac{1}{4}-\frac{1}{7}\right)$$

$$n=5\text{ の項}:\left(\frac{1}{5}-\frac{1}{8}\right)$$

である。これらの項を $n=1$ から $n=\infty$ まで足し算すると，$n=1$ の項の $\dfrac{1}{1}$，$n=2$ の項の $\dfrac{1}{2}$，$n=3$ の項の $\dfrac{1}{3}$ を残して，その他はすべてプラスとマイナスが打ち消し合って消えてしまう。したがって

$$\sum_{n=1}^{\infty}\frac{1}{n(n+3)}=\frac{1}{3}\left(\frac{1}{1}+\frac{1}{2}+\frac{1}{3}\right)=\frac{11}{18}$$

である。

【正 解】 **3**

---- 問 7 ----

実関数 $f(x)=(x-1)\mathrm{e}^{-x}$ 上の微分係数が最小となる点における接線の方程式として正しいものを次の中から一つ選べ。ただし，e は自然対数の底である。

1　$y=-\dfrac{x}{\mathrm{e}^2}+\dfrac{4}{\mathrm{e}^2}$

2　$y=-\dfrac{x}{\mathrm{e}^2}$

3　$y=\dfrac{x}{\mathrm{e}^2}-\dfrac{4}{\mathrm{e}^3}$

4　$y=\dfrac{x}{\mathrm{e}^3}$

5　$y=-\dfrac{x}{\mathrm{e}^3}+\dfrac{5}{\mathrm{e}^3}$

【題 意】 関数とグラフ，微分に関する理解をみる。

【解 説】 傾きが a で点 (x_0, y_0) を通る直線を表す方程式は

$$y-y_0=a\,(x-x_0) \qquad (1)$$

である。したがって、x_0，y_0，a の値がわかれば解答できる。

$f(x)$ の 1 階微分，2 階微分を計算すると

$$\begin{aligned} f(x) &= (x-1)\mathrm{e}^{-x} \\ f'(x) &= -(x-1)\mathrm{e}^{-x}+\mathrm{e}^{-x} \\ &= -(x-2)\mathrm{e}^{-x} \\ f''(x) &= (x-2)\mathrm{e}^{-x}-\mathrm{e}^{-x} \\ &= (x-3)\mathrm{e}^{-x} \end{aligned}$$

となる。題意により，$x=x_0$ で微分係数が最小になるから $f''(x_0)=0$ である。すなわち，$x_0=3$ である。したがって，$y_0=2\mathrm{e}^{-3}$ である。また，その点での傾斜は $a=f'(x_0)=-\mathrm{e}^{-3}$ である。したがって，求める方程式は，式 (1) より

$$y-2\mathrm{e}^{-3}=-\mathrm{e}^{-3}(x-3)=-x\mathrm{e}^{-3}+3\mathrm{e}^{-3}$$

ゆえに

$$y = -xe^{-3} + 5e^{-3}$$

である。

正 解　**5**

問 8

行列 $A = \begin{pmatrix} a & b \\ c & d \end{pmatrix}$ について，$A^2 - (a+d)A + (ad-bc)E$ を計算した結果として正しいものを次の中から一つ選べ。ただし，$E = \begin{pmatrix} 1 & 0 \\ 0 & 1 \end{pmatrix}$ とする。

1　$\begin{pmatrix} -1 & 0 \\ 0 & -1 \end{pmatrix}$

2　$\begin{pmatrix} 0 & 0 \\ 0 & 0 \end{pmatrix}$

3　$\begin{pmatrix} 0 & 1 \\ 1 & 0 \end{pmatrix}$

4　$\begin{pmatrix} 1 & 1 \\ 1 & 1 \end{pmatrix}$

5　$\begin{pmatrix} 0 & -1 \\ -1 & 0 \end{pmatrix}$

題 意　行列の計算に関する理解をみる。

解 説　計算の結果できる行列を B とし，$B = A^2 - (a+d)A + (ad-bc)E$ の各項を計算する。

$$A^2 = \begin{pmatrix} a & b \\ c & d \end{pmatrix}\begin{pmatrix} a & b \\ c & d \end{pmatrix} = \begin{pmatrix} a^2+bc & ab+bd \\ ac+dc & bc+d^2 \end{pmatrix}$$

$$-(a+d)A = \begin{pmatrix} -(a+d)a & -(a+d)b \\ -(a+d)c & -(a+d)d \end{pmatrix}$$

$$(ad-bc)E = \begin{pmatrix} ad-bc & 0 \\ 0 & ad-bc \end{pmatrix}$$

行列の加算の法則にしたがって，行列 B の各要素を求めると

$$B(1,1) = a^2 + bc - a^2 - ad + ad - bc = 0$$

$$B(1,2) = ab + bd - ab - bd = 0$$

$$B(2,1) = ac + dc - ac - dc = 0$$

$$B(2,2) = bc + d^2 - ad - d^2 + ad - bc = 0$$

したがって

$$B=\begin{pmatrix}0 & 0\\0 & 0\end{pmatrix}$$

である。

〔別解〕 計算結果である行列 B の各要素は，4個の数 a，b，c，d を加算，減算，乗算したものであり，除算は含まれない。したがって B の要素に（0は入るかもしれないが）1が入ってくるわけがない。各選択肢を見ると1が入っていないのは **2** だけである。

【正 解】 **2**

問 9

行列 $X=\begin{pmatrix}0 & 1\\0 & 0\end{pmatrix}$ について，X^2 および $Z=(-kX+E)^{-1}$ をそれぞれ計算した結果として正しい組合せを次の中から一つ選べ。ただし，$E=\begin{pmatrix}1 & 0\\0 & 1\end{pmatrix}$ であり，k は実数とする。

1 $X^2=\begin{pmatrix}0 & 1\\0 & 0\end{pmatrix}$, $Z=\begin{pmatrix}1 & k\\0 & 1\end{pmatrix}$

2 $X^2=\begin{pmatrix}0 & 0\\1 & 0\end{pmatrix}$, $Z=\begin{pmatrix}k & 1\\0 & 1\end{pmatrix}$

3 $X^2=\begin{pmatrix}0 & 0\\0 & 0\end{pmatrix}$, $Z=\begin{pmatrix}1 & k\\0 & 1\end{pmatrix}$

4 $X^2=\begin{pmatrix}0 & 1\\0 & 0\end{pmatrix}$, $Z=\begin{pmatrix}1 & 0\\-k & 1\end{pmatrix}$

5 $X^2=\begin{pmatrix}0 & 0\\0 & 0\end{pmatrix}$, $Z=\begin{pmatrix}1 & 0\\-k & 1\end{pmatrix}$

【題 意】 行列の計算と逆行列に関する理解をみる。

【解 説】 X^2 と $Z^{-1}=-kX+E$ をそれぞれ計算してみる。

$$X^2=\begin{pmatrix}0 & 1\\0 & 0\end{pmatrix}\begin{pmatrix}0 & 1\\0 & 0\end{pmatrix}=\begin{pmatrix}0 & 0\\0 & 0\end{pmatrix} \tag{1}$$

$$Z^{-1}=-kX+E=\begin{pmatrix}0 & -k\\0 & 0\end{pmatrix}+\begin{pmatrix}1 & 0\\0 & 1\end{pmatrix}=\begin{pmatrix}1 & -k\\0 & 1\end{pmatrix} \tag{2}$$

X^2 はゼロ行列であるから，選択肢のうち **3** または **5** が正解である。つぎにこれら二つの選択肢中に与えられた Z が上の式（2）の逆行列になっているかどうか計算して試してみる。

(**3** の Z) × (式 (2) の Z^{-1})：

$$ZZ^{-1}=\begin{pmatrix}1 & k\\0 & 1\end{pmatrix}\begin{pmatrix}1 & -k\\0 & 1\end{pmatrix}=\begin{pmatrix}1 & 0\\0 & 1\end{pmatrix}$$

(**5** の Z) × (式 (2) の Z^{-1})：

$$ZZ^{-1}=\begin{pmatrix}1 & 0\\-k & 1\end{pmatrix}\begin{pmatrix}1 & -k\\0 & 1\end{pmatrix}=\begin{pmatrix}1 & -k\\-k & 1+k^2\end{pmatrix}$$

式 (2) の Z^{-1} と掛け合わせて単位行列になるのは **3** の Z である。

【正 解】 **3**

問 10

確率・統計に関する次の記述の中から誤っているものを一つ選べ。

1　確率密度関数を確率変数で微分したものが分布関数である。

2　成功率 p，失敗率 q，$p+q=1$ のとき，n 回の試行で k 回成功する確率は，${}_n\mathrm{C}_k\cdot p^k\cdot q^{n-k}$ である。

3　ヒストグラムとは度数分布図のことである。

4　試行の回数が多くなればなるほど，ある事象の起こる割合がその数学的確率に近づくことを大数の法則と言う。

5　空事象と任意の事象との積事象は必ず空事象となる。

【題 意】 確率・統計に関する知識をみる。

【解 説】 各選択肢を順次検討する。

1：分布関数を確率変数で微分したものが確率密度関数である（基礎知識）。誤り。

2：二項分布の定義であって正しい。

3：基礎知識より正しい。

4：基礎知識より正しい。

5：積事象と空事象の定義から正しい。

【正 解】 **1**

問 11

変量 x の 3 個のデータ 2，3，4 と，それに対応する変量 y のデータ 3，4，5

がある。このデータから計算される，2変量 x，y の相関係数の推定値として正しいものを次の中から一つ選べ。

1　$\frac{1}{4}$

2　$\frac{1}{3}$

3　$\frac{1}{2}$

4　$\frac{2}{3}$

5　1

【題 意】　相関係数に関する知識をみる。

【解 説】　相関係数 r は二つの変量の間にある線形関係の強弱を表す指標である。相関係数は $-1 \leqq r \leqq 1$ の実数値をとり，変量 x，y が無相関の場合は $r=0$，完全な線形関係がある場合には，$r=\pm 1$ となる。$+1$ は相関が正の場合，-1 は負の場合である。

問題に与えられた x_i と y_i は**表**のとおりである。

表　x_i と y_i

i	1	2	3
x_i	2	3	4
y_i	3	4	5

点 (x_i, y_i) を xy-平面上にプロットしたものが右の**図**である。図から明らかなように点 (x_i, y_i) はすべて直線 $y=x+1$ 上にあって変量 x と y の間には完全な線形関係がある。直線の勾配は $+1$ であるから正の相関があり，上に述べたことから x，y の相関係数は $+1$ である。

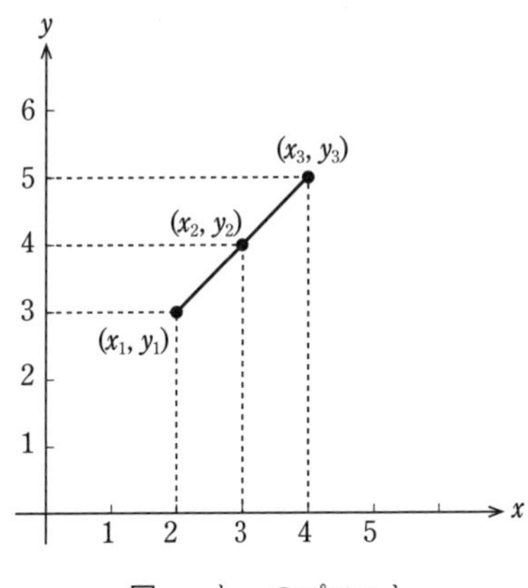

図　x_i と y_i のプロット

〔**別解**〕　定義どおりに計算すると以下のとおりである。2組の数値からなるデータ列 $(x_i, y_i)\, i=1, 2, \cdots, n$ が与えられたとき，相関係数の推定値 r は $\dfrac{s_{xy}}{s_x s_y}$ で与えられる。ここに s_x，s_y はそれぞれ x_i，y_i の標準偏差，s_{xy} は x_i と y_i の共分散である。r を x_i，y_i を使って書き下すと次式のようになる。

$$r=\frac{\sum_{i=1}^{n}(x_i-\overline{x})(y_i-\overline{y})}{\left(\sum_{i=1}^{n}(x_i-\overline{x})^2\right)^{1/2}\left(\sum_{i=1}^{n}(y_i-\overline{y})^2\right)^{1/2}} \tag{1}$$

ここで，$\overline{x}$，$\overline{y}$ はそれぞれ x_i，y_i の相加平均である。

この問題では，$n=3$ で，x_i，y_i の値は前ページの表のとおりである。また $\overline{x}=3$，$\overline{y}=4$ である。これらの値を式 (1) に代入すると

$$r=\frac{(2-3)(3-4)+(3-3)(4-4)+(4-3)(5-4)}{((2-3)^2+(3-3)^2+(4-3)^2)^{1/2}\times((3-4)^2+(4-4)^2+(5-4)^2)^{1/2}}$$

$$=\frac{1+0+1}{((-1)^2+0^2+1^2)^{1/2}\times((-1)^2+0^2+1^2)^{1/2}}$$

$$=\frac{2}{\sqrt{2}\times\sqrt{2}}=1$$

となる。

【正　解】 **5**

問 12

1枚の硬貨を5回投げたとき，表が2回出る確率として正しいものを次の中から一つ選べ。ただし，表と裏の出る確率は等しいものとする。

1　$\dfrac{1}{8}$

2　$\dfrac{3}{16}$

3　$\dfrac{1}{4}$

4　$\dfrac{5}{16}$

5　$\dfrac{3}{8}$

【題意】 二項分布に関する理解をみる。

【解説】 ある試行を実施した結果が「成功」か「失敗」かの二つの場合しかないとき，この試行をベルヌーイ試行という。成功の確率が p であるベルヌーイ試行を n 回行って r 回成功する確率 P は次の式で与えられる（問10の選択肢 **2** を参照）。

$$P={}_nC_r\cdot p^r\cdot(1-p)^{n-r}$$

$$=\frac{n(n-1)\times\cdots\times(n-r+1)}{r\times(r-1)\times\cdots\times 1}\cdot p^r\cdot(1-p)^{n-r}$$

これは r を確率変数とする二項分布である。本問は上の式において，$p=\frac{1}{2}$，$n=5$，$r=2$ の場合に相当する。したがって，求める確率 P は

$$P=\frac{5\times 4}{1\times 2}\times\left(\frac{1}{2}\right)^2\times\left(\frac{1}{2}\right)^3=\frac{5}{16}$$

である。

【正解】 4

問 13

質量 m の小球1が，速度 v で斜面に向かって動いていた。**図1** のように，この小球が斜面上を登り到達する最高の高さが h であった。また，**図2** のように，小球1と斜面との間に静止した同じ質量 m の小球2がある場合に，小球1は速度 v で小球2に衝突した後，一体となって運動した。このとき一体となった2つの小球が斜面上を登り到達する最高の高さは h の何倍か。正しいものを次の中から一つ選べ。ただし重力加速度 g は一定とし，小球と面の間の摩擦，空気の抵抗は考えない。また，小球の大きさは h に対して無視できるほど小さいものとする。

1　1

2　$\frac{1}{\sqrt{2}}$

3　$\frac{1}{2}$

4　$\frac{1}{2\sqrt{2}}$

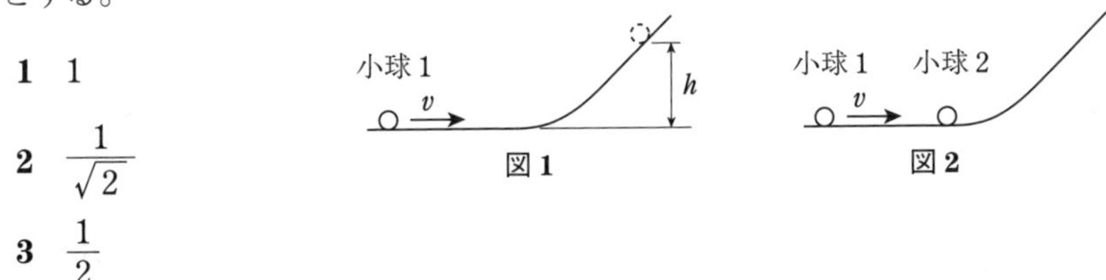

図1　　図2

5　$\dfrac{1}{4}$

題意　力学エネルギーの保存則，運動量保存則の理解をみる。

解説　速度 v の小球 1 が斜面を高さ h まで登るから，エネルギー保存則から

$$\frac{1}{2}mv^2 = mgh \tag{1}$$

の関係がある。左辺は小球が最初持っていた運動エネルギー，右辺は小球が斜面を登り切った時点でもつ位置エネルギーである。

つぎに，小球 1 が小球 2 に衝突した後の 2 球結合体の速度を u とする。結合体の質量は $2m$ であるから，運動量保存則から $mv=(2m)u$，ゆえに $u=\dfrac{v}{2}$ である。

2 球結合体が斜面を高さ H まで登るとすると，エネルギー保存則から次の関係が成り立つ。

$$\frac{1}{2}(2m)u^2 = \frac{1}{4}mv^2 = (2m)gH \tag{2}$$

式 (2) の第 2 辺と第 3 辺を 2 倍すると

$$\frac{1}{2}mv^2 = 4mgH \tag{3}$$

式 (1) と式 (3) を比べると $4H=h$，すなわち $H=\dfrac{1}{4}h$ である。

正解　**5**

問 14

図のように，自然の長さ L，ばね定数 k の軽いばねの一端に質量 m の小球を取りつけ，ばねの他端を中心に滑らかな水平面上で等速円運動させたところ，ばねの伸びの長さは自然の長さの a 倍であった。このときの等速円運動の速さとして，正しいものを次の中から一つ選べ。ただし，回転中心と小球は同一平面上にあり，空気抵抗は無視できるとする。

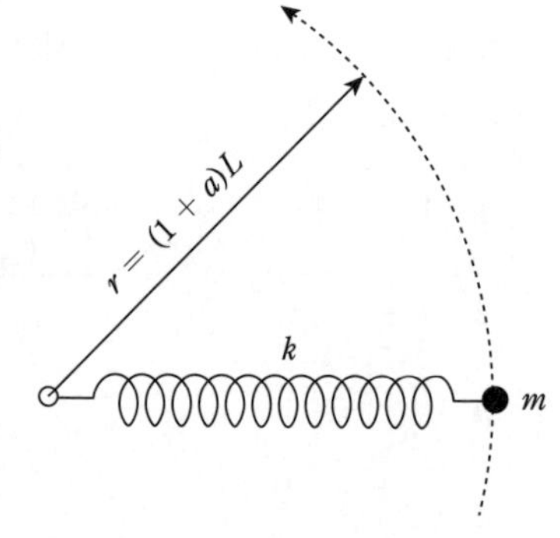

1　$L\sqrt{\dfrac{ak}{(1+a)\,m}}$

2　$L\sqrt{\dfrac{(1+a)\,k}{m}}$

3　$L\sqrt{\dfrac{(1+a)\,ak}{m}}$

4　$L\,(1+a)\sqrt{\dfrac{ak}{m}}$

5　$L\,(1+a)\,a\sqrt{\dfrac{k}{m}}$

【題 意】　円運動の向心力とばね弾性に関する理解をみる。

【解 説】　小球は円運動をしているから，小球には円の中心に向かう向心力 f が働いている。この向心力はばねの伸びによる弾性力 F によって与えられる。したがって $f=F$ である。

ばねの伸びの量は aL であるから，弾性力 F は

$$F=kaL$$

である。また小球は速さ v で半径 $r=(1+a)L$ の円運動をしているから，それに働く向心力 f は

$$f=\frac{mv^2}{r}=\frac{mv^2}{(1+a)\,L}$$

である。$f=F$ であるから

$$\frac{mv^2}{(1+a)\,L}=kaL$$

が成り立つ。これより

$$v^2=\frac{kaL\,(1+a)\,L}{m}=\frac{(1+a)\,ak}{m}L^2$$

ゆえに

$$v=L\sqrt{\frac{(1+a)\,ak}{m}}$$

【正 解】　**3**

問 15

起電力 E，内部抵抗値 r の電池を，抵抗値 R が可変な外部抵抗に繋いだ。外部抵抗の抵抗値を変化させたとき，外部抵抗で消費される電力の最大値として正しいものを，次の中から一つ選べ。ただし，導線や接続の抵抗はないものとする。

1　$\dfrac{E^2}{r}$

2　$\dfrac{E^2}{2r}$

3　$\dfrac{E^2}{4r}$

4　$\dfrac{3E^2}{4r}$

5　$\dfrac{E^2}{8r}$

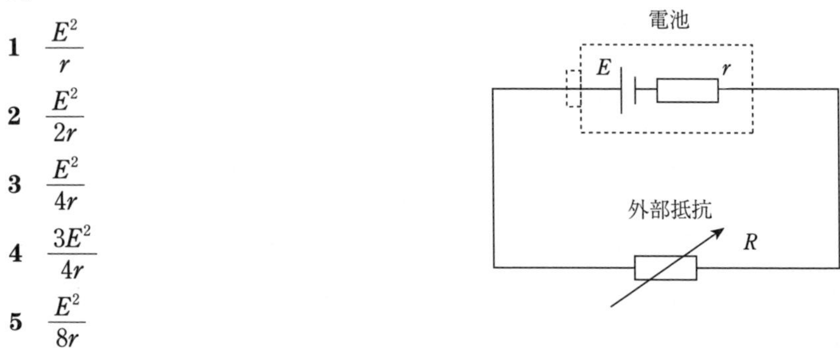

題意　電気回路に関する理解をみる。

解説　内部抵抗 r の電源に外部抵抗 R を接続したとき，抵抗 R で消費される電力が最大になるのは $R=r$ のときである。このことはインピーダンス整合の一例としてよく知られている（下の参考記事を参照）。

$R=r$ のとき，外部抵抗 R に流れる電流 i は $i=E/(R+r)=E/(2r)$ である。したがって抵抗 R で消費される電力 P は

$$P=i^2R=i^2r=\frac{E^2}{4r}$$

である。

〔**参考**〕　問題の図に示されているように，内部抵抗 r の電池に外部抵抗 R を接続した場合，外部抵抗で消費される電力は $R=r$ のときに最大になる。このことは次のようにして証明できる。外部抵抗に流れる電流 i は $i=\dfrac{E}{R+r}$ である。したがって抵抗 R で消費される電力 P は

$$P=i^2R=\frac{R}{(R+r)^2}E^2$$

である。P が最大になる R では $\dfrac{\mathrm{d}P}{\mathrm{d}R}=0$ であるから

$$\frac{\mathrm{d}P}{\mathrm{d}R}=\frac{(R+r)^2-2R(R+r)}{(R+r)^4}E^2$$

$$=\frac{r^2-R^2}{(R+r)^4}E^2=0$$

ゆえに，P が最大になるのは $R=r$ のときである。

正 解　**3**

問 16

十分長くて太さの無視できる2本の導線を距離 r だけ離して空気中に平行に保持し，それぞれの導線に逆向きに同じ大きさ I の電流を流した。導線間に働く力の関係と導線の長さ L あたりに働く力の大きさの組合せとして，正しいものを次の中から一つ選べ。ただし，空気中の透磁率を μ とする。

1　斥力　$\dfrac{2\pi r}{\mu I^2 L}$

2　斥力　$\dfrac{\mu I^2 L}{2\pi r}$

3　力は働かない　0

4　引力　$\dfrac{2\pi r}{\mu I^2 L}$

5　引力　$\dfrac{\mu I^2 L}{2\pi r}$

題 意　二つの平行な電流間に働くローレンツ力に関する理解をみる。

解 説　1本の電流の周囲には円形の磁場が生じ，2本目の電流にはその磁場との相互作用によってローレンツ力が働く。したがって，**3** は誤りである。また **1**，**4** では，2本の電流が無限に遠く離れるとき働く力 F が無限大になる（$r\to\infty$ で $F\to\infty$）。これは経験に反するし物理的に合理的でない。したがって正解は **2** か **5** である。たがいに逆方向に流れる2本の電流間には斥力が働くという事実を知っていれば（下記〔**注**〕を参照）**2** が正解であることがわかる。

〔**注**〕　たがいに逆方向に流れる2本の平行な直線電流間に斥力が働くことは，つぎのようにしてわかる。**図**（a）において，I_A，I_B は2本の平行な電流で，紙面に垂直に流

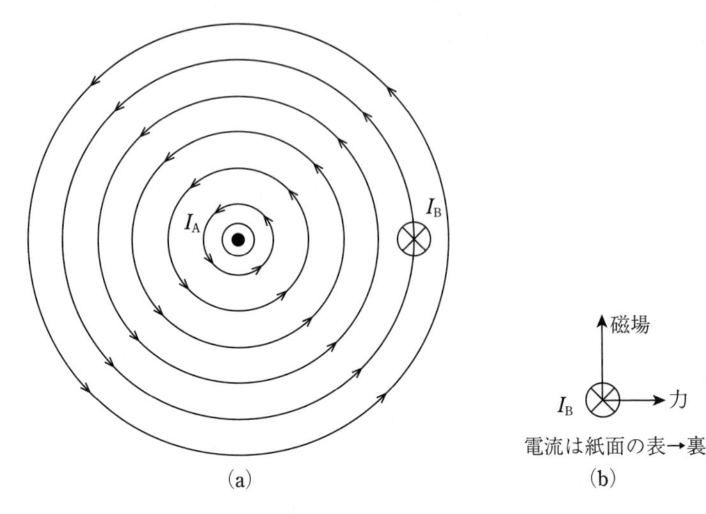

図　直流電流の周囲の磁場

れている。左の⦿印は電流 I_A が紙面裏から表に向かって流れていることを示し，右の⊗は電流 I_B が紙面表から裏に向かって流れていることを示す。電流の周囲には図のように同心円状の磁場ができるが，その方向は右ねじの法則に従う。すなわち，電流が流れる方向に右ねじを進めるとき，ねじを回す方向が磁場の方向である。したがって電流 I_A の周囲には反時計回りの円形磁場ができる。

つぎに，この磁場のために電流 I_B に働く力を考える。電流 I_B の位置では磁場は下から上に向かっている。ここでフレミングの左手の法則を使う。左手の親指，人差し指，中指をたがいに直角になるように広げると，人差し指（forefinger）の方向が磁場（field）の方向，中指（central finger）の方向が電流（current）の方向，親指（thumb）の方向がローレンツ力（thrust）の方向である。これを電流 I_B に当てはめて考えると（図の（b））I_B に働く力の方向は右向きとなる。同じように考えると電流 I_A に働く力は左向きになる。このようにして，逆方向に流れる2本の平行電流には斥力が働くことがわかる。

〔参考〕　電磁気学によれば，距離 r だけ離れた2本の平行電流 I_A，I_B 間に働く力 F は，媒質の透磁率を μ とすると，導線の長さ L 当り

$$F = \frac{\mu I_A I_B L}{2\pi r}$$

で与えられる。したがって，$I_A = I_B = I$ のときは

$$F = \frac{\mu I^2 L}{2\pi r}$$

である。

【正解】 **2**

---- 問 **17** ----

焦点距離が f の薄い凸レンズから，a だけ離れた位置に物体Aを置き，レンズから b の位置にスクリーンを置くと結像した。このレンズの焦点距離 f として正しいものを次の中から一つ選べ。

1　$\dfrac{a^2}{a+b}$

2　$\dfrac{b^2}{a+b}$

3　$\dfrac{ab}{a+b}$

4　$\dfrac{ab}{|a-b|}$

5　$\dfrac{a^2}{|a-b|}$

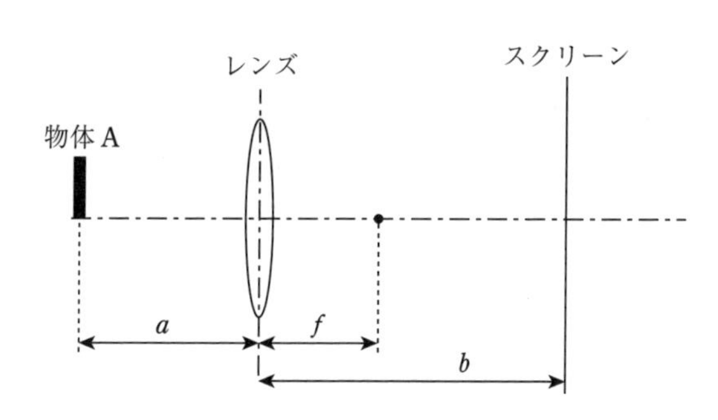

【題意】 幾何光学におけるレンズの公式の理解をみる。

【解説】 レンズの公式によれば，物体（光源）とレンズの距離 a，レンズとスクリーン（像）の距離 b，レンズの焦点距離 f の間には次の関係がある。

$$\frac{1}{a} + \frac{1}{b} = \frac{1}{f}$$

これから

$$f = \frac{1}{\dfrac{1}{a} + \dfrac{1}{b}} = \frac{ab}{a+b}$$

【正解】 **3**

問 18

炭素 14 は β 崩壊して，窒素 14 となる。炭素 14 が $\frac{1}{10}$ に減ずるのにかかる年数として最も近いものを次の中から一つ選べ。ただし，炭素 14 の半減期は 5 700 年とし，$\log_{10} 2 = 0.30$ とする。

1　15 000 年

2　16 000 年

3　17 000 年

4　18 000 年

5　19 000 年

題意　原子核の放射性崩壊の半減期に関する理解をみる。

解説　炭素 14 の数が $\frac{1}{10}$ になるのに要する時間は半減期の x 倍であるとする。すると

$$\left(\frac{1}{2}\right)^x = \frac{1}{10}$$

である。両辺の常用対数をとると

$$\log_{10}\left(\frac{1}{2}\right)^x = \log_{10}\frac{1}{10}$$

すなわち

$$-x\log_{10} 2 = -1$$

ゆえに

$$x = \frac{1}{\log_{10} 2} = \frac{1}{0.30} = 3.3$$

すなわち，求める年数は半減期 5 700 年の 3.3 倍である。$5\,700 \times 3.3 = 18\,810$ なので，**5** が最も近い。

正解　**5**

問 19

上り下り平行でまっすぐな一対の線路上を一定の周波数 f_a の音を出しながら，速さ v_a で走っている列車 A と，列車 A とは逆向きに速さ v_b で列車 A に向けて

走ってくる列車Bがある。この時，列車Bに乗っている人が観測する列車Aからの音の周波数として正しいものを次の中から一つ選べ。ただし，上り下り線路間の間隔は無視できるとして考えるものとする。また，空気中を伝搬する音の速さはVであり，周りは温度一定の無風状態であるとする。

1　$\dfrac{f_a(V+v_a)}{V-v_b}$

2　$\dfrac{f_a(V+v_b)}{V-v_a}$

3　f_a

4　$\dfrac{f_a(V-v_a)}{V+v_b}$

5　$\dfrac{f_a(V-v_b)}{V+v_a}$

【題 意】　ドップラー効果に関する理解をみる。

【解 説】　音源が発生している音を観測者が聞く場合，音源または観測者のどちらかまたは両方が運動していると，観測者には音源の出す音とは異なった周波数として観測される。この現象をドップラー効果という。

音源の周波数をf_s，音源の速度をv_s，観測者が聞く周波数をf_o，観測者の速度をv_o，音速をVとすると，つぎの関係がある。

$$\frac{f_s}{V-v_s}=\frac{f_o}{V-v_o}$$

ここで，音源の速度v_s，観測者の速度v_oの符号は，音源から観測者に向かう方向を正とする（上の式は記憶しておく必要がある。左辺，右辺ともに関数形が同じで，左辺は音源に関する量のみ，右辺は観測者に関する量のみで構成されているから覚えやすいはずである）。

この問題では，$f_s=f_a$，$v_s=v_a$，$v_o=-v_b$の場合に対応しているから，上式より

$$\frac{f_a}{V-v_a}=\frac{f_o}{V+v_b}$$

ゆえに

$$f_o=\frac{f_a(V+v_b)}{V-v_a}$$

となる。

【正 解】 **2**

---- 問 **20** ----

光が屈折率 n_1 の媒質Aから屈折率 n_2 の媒質Bへと向かうとき，$n_1 > n_2$ であれば，光は媒質Aと媒質Bの境界面で全反射する入射角がある。光が全反射する最小の入射角（臨界角）として正しいものを次の中から一つ選べ。

1 $\cos^{-1}\dfrac{n_2}{n_1}$

2 $\cos^{-1}\sqrt{\dfrac{n_2}{n_1}}$

3 $\sin^{-1}\dfrac{n_2}{n_1}$

4 $\sin^{-1}\sqrt{\dfrac{n_2}{n_1}}$

5 $\tan^{-1}\dfrac{n_2}{n_1}$

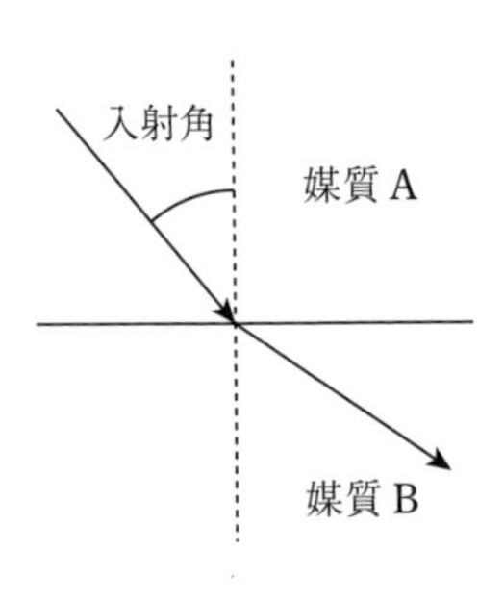

【題 意】 全反射に関する理解をみる。

【解 説】 図のように，屈折率 n_1 の媒質Aから屈折率 n_2 の媒質Bに向かう光線を考える。媒質Aの側の入射角は θ_1 で，媒質Bの側へ出る屈折角は θ_2 である。このとき，つぎのスネルの法則が成り立つ。

$$\frac{\sin\theta_1}{\sin\theta_2} = \frac{n_2}{n_1} \tag{1}$$

題意のとおり $n_1 > n_2$ であると，屈折角 θ_2 はつねに入射角 θ_1 よりも大きくなる。そして入射角 θ_1 を大きくしていくと，あるところで屈折角 θ_2 が $\dfrac{\pi}{2}$ となってしまい，光は媒質Bへ出て行かなくなる。このときの入射角が臨界角である。したがって，臨界角 θ_c は，式（1）において $\theta_2 = \dfrac{\pi}{2}$ となるときの θ_1 の値

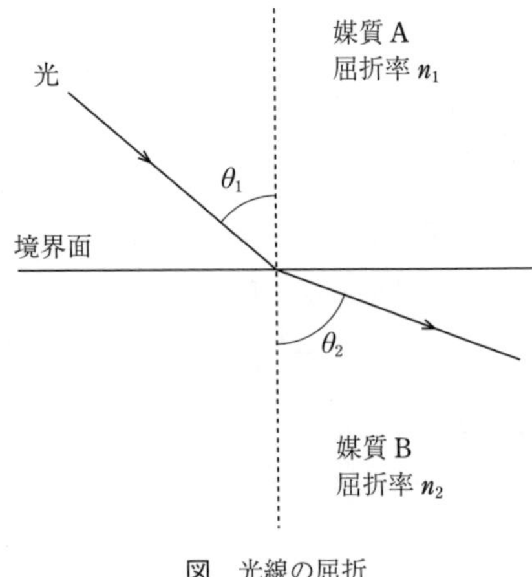

図　光線の屈折

である。すなわち

$$\frac{\sin\theta_1}{\sin\theta_2}=\frac{\sin\theta_c}{1}=\frac{n_2}{n_1}$$

である。これから，$\theta_c=\sin^{-1}\dfrac{n_2}{n_1}$である。

【正 解】 3

問 21

太陽光のエネルギーが，1 m^{2}の太陽光パネルの表面に毎分60 kJで届いているとする。このときの太陽光パネルにおける太陽光から電力へのエネルギー変換効率を20 %とすると，発電されている最大電力の値として最も近いものを次の中から一つ選べ。

1　60 kW

2　12 kW

3　1 kW

4　200 W

5　120 W

【題 意】 仕事率の単位変換に関する理解をみる。

【解 説】 太陽光パネルに毎分60 kJのエネルギーが届き，その20 %が電力に変換されると，パネルからは毎分12 kJの電力が出力される。毎分12 kJの電力は毎秒$\dfrac{12}{60}$ kJ＝200 Jの電力に相当する。これは200 Wの電力である。

【正 解】 4

問 22

図のように上下に自由に動くピストンで閉じられた容器の中に理想気体を入れ，圧力を一定に保ったまま温度tを変化させる。このとき，温度とピストンの高さhの関係を示すグラフの形として，正しいものを次の中から一つ選べ。

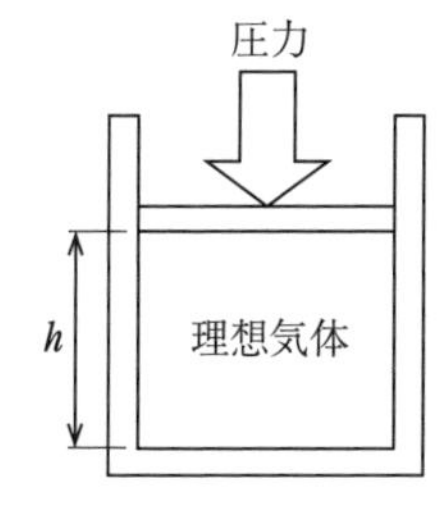

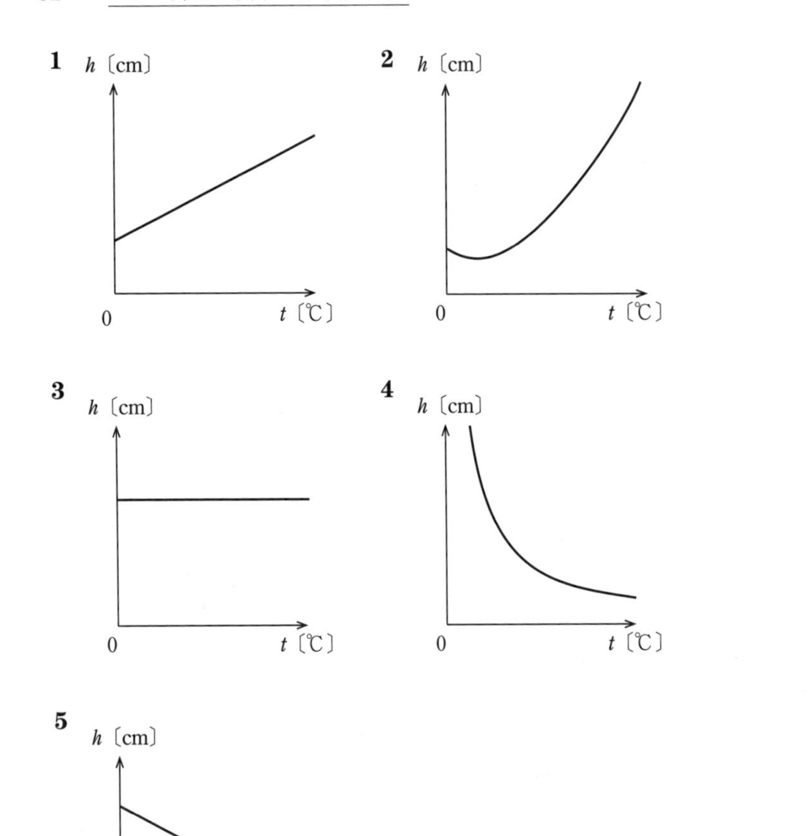

〔題 意〕 理想気体の状態方程式に関する理解をみる。

〔解 説〕 理想気体の状態方程式は

$$pV = nRT$$

である。ここに，p は圧力，V は体積，n は理想気体のモル数，T は気体の絶対温度，R は気体定数である。

容器の底面積を S とすると，$V = hS$，気体の摂氏温度を t〔℃〕とすると(注) $T = t + 273.15$ である。このとき，上の状態方程式は

$$h = \frac{nR}{pS}(t + 273.15) \tag{1}$$

と書ける。容器中の気体の量は一定であるから n は定数，ピストンの構造より S は定数，題意より p は定数，また R はもとより定数であるから，式 (1) において $\frac{nR}{pS}$ は定数である。したがって，ピストンの高さ h と温度 t は一次式の関係にある。一次式を表すグラフは直線である。また $\frac{nR}{pS} > 0$ より，傾きは正となるので **1** が正解である。

（注）　問題文中には示されていないが，選択肢のグラフの横軸を見ると，t は摂氏温度であることがわかる。

【正 解】 **1**

問 23

基礎物理定数とその単位の組合せとして誤っているものを次の中から一つ選べ。

	基礎物理定数	単位
1	万有引力定数 G	$\mathrm{N\,kg^{-2}m^2}$
2	真空中の光の速さ c	$\mathrm{ms^{-1}}$
3	プランク定数 h	Js
4	電気素量 e	A
5	ボルツマン定数 k	$\mathrm{JK^{-1}}$

【題 意】 基礎物理定数の単位と次元に関する理解をみる。

【解 説】 各選択肢を順次検討する。

1：G はニュートンの万有引力の式に現れる定数である。距離 r だけ離れた二つの物体があり，それらの質量を m_1，m_2 とすると，これら二つの物体間に働く万有引力 F は

$$F = G\frac{m_1 m_2}{r^2}$$

である。F の単位は N，m_1，m_2 の単位は kg，r の単位は m であるから，G の単位は $\mathrm{N\,kg^{-2}m^2}$ である。正しい。

2：速さは $\frac{長さ}{時間}$ の次元をもつから正しい。

3：プランク定数 h はプランクの式 $E = h\nu$ に現れる。ここに E は光子のエネルギー，

ν は光の振動数である。E の単位は J，ν の単位は s^{-1} であるから，プランク定数の単位は Js である。正しい。

4：電流は単位時間に流れる電荷の量である。電気素量は電荷であるから，電流×時間の次元をもち，その単位は As である。誤り。

5：ボルツマン定数と温度の積 kT はエネルギーの次元をもつ。したがって k の単位は JK^{-1} である。正しい。

【正 解】 **4**

問 24

図に示すように連結された直径の異なる 2 つの円形シリンダーがある。それぞれのシリンダーには，上下に自由に動き質量の無視できるピストンが設置されていて，両ピストンの間は液体で満たされている。右側の直径 20 cm のピストンに質量 1.0 kg のおもりを載せた。また，左側の直径 10 cm のピストンを下向きに F の力で押して，両方のピストンが同じ高さで静止するように保持した。この場所における重力加速度を 9.8 m/s^2 としたとき，F の値に最も近いものを次の中から一つ選べ。

1　2.5 N
2　4.9 N
3　9.8 N
4　20 N
5　39 N

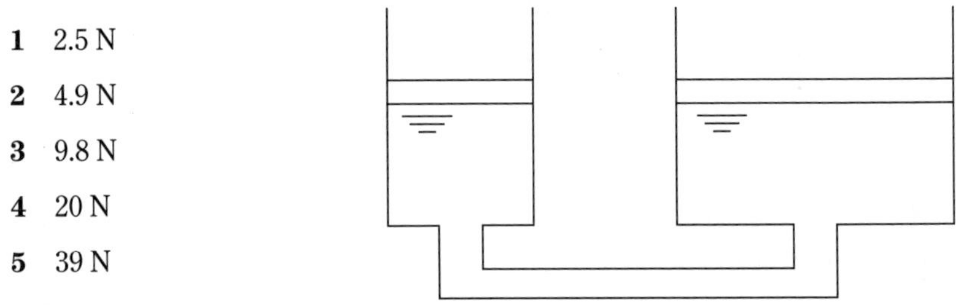

【題 意】 流体のつり合いに関する理解をみる。

【解 説】 右の大きいシリンダーの中の，ピストンのすぐ下の圧力 p_1 は

$$p_1 = \frac{\text{ピストンにかかる力}}{\text{ピストンの面積}} = \frac{1 \times 9.8}{\pi \times 10^2} \ \text{〔N/cm}^2\text{〕}$$

である。同様に，左の小さいシリンダーの中の，ピストンのすぐ下の圧力 p_2 は

$$p_2 = \frac{F}{\pi \times 5^2} \ \text{〔N/cm}^2\text{〕}$$

である。流体はつり合っていて静止しているから，連通管のある位置での圧力は左右同じである。また左右二つのピストンは同じ高さにあるので，ピストンの高さと連通管の高さとの（重力による）圧力差も左右同じである。したがって，つり合いの条件は $p_1 = p_2$ である。ゆえに

$$\frac{9.8}{100\pi} = \frac{F}{25\pi}$$

これより

$$F = \frac{25\pi \times 9.8}{100\pi} = \frac{25 \times 9.8}{100} = 2.45 \ \text{〔N〕}$$

正解　1

問 25

密度 800 kg/m^3 の液体が質量流量 160 kg/s で流れているとき，その体積流量の値として最も近いものを次の中から一つ選べ。

1　0.2 m^3/h

2　12 m^3/h

3　36 m^3/h

4　72 m^3/h

5　720 m^3/h

題意　流量の単位の変換に関する理解をみる。

解説　密度 800 kg/m^3 の液体 160 kg の体積は $\frac{160}{800} = 0.2$〔m^3〕である。したがって，この液体の質量流量 160 kg/s は体積流量 0.2 m^3/s に相当する。これは1秒当りの流量なので，1時間当りの流量に換算すると，$0.2 \times 3\,600 = 720$〔m^3/h〕である。

正解　5

2. 計量器概論及び質量の計量

計 質

2.1 第68回（平成30年3月実施）

問 1

「JIS Z 8103 計測用語」に規定される次の用語の定義の中から，誤っているものを一つ選べ。

1 合成標準不確かさ：合理的に測定量に結び付けられ得る値の分布の大部分を含むと期待される区間を定める量

2 実用標準：計器，実量器又は標準物質を，日常的に校正又は検査するために用いられる標準

3 かたより：測定値の母平均から真の値を引いた値

4 不感帯：計器の出力を変化させずに，入力信号を両方向に変化させ得る最大の間隔

5 再現性：測定条件を変更して行われた，同一の測定量の測定結果の間の一致の度合い

題 意 計量に関する用語の説明を問うものである。

解 説 **1** の合成標準不確かさについては，「JIS Z 8103 b）測定 6）誤差及び精度」で「幾つかの他の量の値から求められる測定の結果の標準不確かさ。各量の変化に応じて測定結果がどれだけ変わるかによって重み付けした，分散又は他の量との共分散の和の平方根に等しい。」と記述されているので，**1** は誤りである。

2 の実用標準は「JIS Z 8103 b）測定　1）測定の基本」に記述されているとおりである。**2** は正しい。

3 のかたよりは，「JIS Z 8103 b）測定　6）誤差及び特性」に記述されているとおりで

ある。**3** は正しい。

4 の不感帯は，「JIS Z 8103 d）計測器　3）性能及び特性」に記述されているとおりである。**4** は正しい。

5 の再現性は，「JIS Z 8103 b）測定　6）誤差及び精度」に記述されているとおりである。**5** は正しい。

正解　**1**

問 2

国際単位系に関する次の記述の中から，正しいものを一つ選べ。

1　メートル条約が締結された1875年（明治8年）に，メートル条約加盟国によって採択された。

2　九つの基本単位とそれらのべき乗の積で表すことができる多くの組立単位がある。

3　アンペアはジョセフソン効果と量子ホール効果の特性を用いて定義されている。

4　単位の定義には未来永劫変わることがない不変性がある。

5　基礎物理定数の数値を用いて定義されている単位がある。

題意　国際単位系の記述に関しての理解を問うものである。

解説　メートル条約は，度量衡の国際的な統一を目的として，1875年（明治8年）5月20日に成立したメートル法に関する条約である。また，国際単位系は1954年第10回国際度量衡総会（CGPM）で採択された。**1** は誤りである。

組立単位は七つの基本単位を組み合わせて定義を行うので，**2** も誤りである。

アンペアは，「真空中に1 mの間隔で平行に配置された無限に小さい円形断面積を有する無限に長い2本の直線状導体にそれぞれ電流を流れ，これらの導体の長さ1 mにつき 2×10^{-7} N の力を及ぼしあう一定の電流である。」と定義されているので，**3** も誤りである（ただし，2019年5月20日より電気素量による定義に改定された）。

単位の定義は，最近はキログラム原器から物理量への変換などもあり，未来永劫に不変ということはないので，**4** も誤りである。

基礎物理定数は，自然現象を記述するための基本的な方程式であり，不可欠な定数である。**5** は正しい。

【正 解】 **5**

---- 問 **3** ----

長さの計測器で球の直径を測定し，体積の計算式で球の体積を求める。直径の測定値の相対標準不確かさが 0.1 % であるとき，体積の値の相対標準不確かさはいくらか，次の中から一つ選べ。ここで，球は真球である。

1　0.03 %

2　0.1 %

3　0.2 %

4　0.3 %

5　0.63 %

【題 意】 相対標準不確かさの結果を考察する問題である。

【解 説】 体積の公式は，直径を D とすると $4\pi(D/2)^3/3$ である。直径の不確かさ u_d は，3 乗で影響するため $3u_d$（注意：u_d^3 ではない）となる。体積の値の相対標準不確かさ u_v は，各標準不確かさの二乗和の平方根で定義されるため，題意から $u_v=\sqrt{(3u_d)^2}$ となる。

直径の相対合成標準不確かさを 0.1 % とするなら

$u_v=\sqrt{9\times(0.1)^2}$〔%〕$=3\times0.1$〔%〕$=0.3$〔%〕

【正 解】 **4**

---- 問 **4** ----

計測に関する次の記述の中から，誤っているものを一つ選べ。

1　合致法はブロックゲージの光波干渉による校正に使われる。

2　電位差計による電位測定では零位法が使われる。

3　放射温度計では熱平衡を利用している。

4　定温度型熱線風速計では負帰還が使われる。

5　マイクロメータはアッベの原理を満たしている。

【題 意】 計測器に関する問題である。

【解 説】 **3** の放射温度計は，分光放射輝度または放射輝度を測定して，測定対象の温度を求める計測器である。特徴としては，非接触で高温の物体が測定できる。移動物体，測定する物が小さな物体，薄膜などの熱容量が小さい物体でも測定が可能である。熱平衡を利用するものではない。**3** は誤りである。

1 の合致法は，光波干渉計によるブロックゲージの測定で使用されるので，正しい記述である。

2 の電位差計は，未知の電圧と既知の電圧を比較することにより，精密に電圧を測定できる。この測定法は零位法であるので正しい記述である。

4 の熱式風速計は，帰還増幅器を使用して風速素子が一定温度になるようにするために負帰還回路が使われるので正しい記述である。

5 のアッベの原理は，被測定物と標準尺を測定軸方向の同一線上に配列することで誤差を小さくするものである。マイクロメータは，被測定物を挟んだスピンドルと目盛軸が直線状に配置されているので正しい記述である。

【正 解】 **3**

問 5

本尺目盛の目量が S のノギスに，$(n-1)S$ を n 等分したバーニヤ目盛がついている。このノギスの最小読取量はどれか，次の中から一つ選べ。ここで，n は自然数であり，$n>1$ とする。

1　$\dfrac{S}{n(n-1)}$

2　$\dfrac{S}{2n-1}$

3　$\dfrac{S}{n}$

4　$\dfrac{nS}{n-1}$

5　$\dfrac{2S}{n}$

【題 意】 ノギスの本尺目盛とバーニアの目盛に関しての問題である。

【解 説】 本尺 $n-1$ 目盛をバーニアの n 目盛とすれば，本尺目盛間隔 S，バーニアの目盛間隔 V として

$$(n-1)S=nV$$

となる。最小目盛 c は，$c=S-V$ なので次式で表される。

$$c=S-\frac{(n-1)S}{n}=\frac{S}{n}$$

【正 解】 **3**

問 6

角度の測定に使用される機器に関する次の記述の中から，誤っているものを一つ選べ。

1 サインバーは，三角比のサインを利用して角度ゲージの校正に用いられる。

2 角度標準用の多面鏡は，正多角柱のすべての側面を反射面とする反射鏡の総称である。

3 オートコリメータは，対象物の微小な角度差や振れなどを測定する。

4 水準器は，水平又は鉛直からの微小な傾斜の測定に用いられる。

5 ロータリエンコーダは，角度干渉計の原理を用いて微小角度を測定する。

【題 意】 角度測定に使用する計量器に関する基礎的な知識を問うものである。

【解 説】 **5** のロータリーエンコーダは，回転角度をディジタル量に変換するセンサのことであるので，角度干渉計の原理を用いて微小角度を測定する計測器ではない。**5** は誤りである。

1 のサインバーは，**図**のように 2 個の径が等しい円筒を持つ直定規で，円筒の中心間隔は一定の寸法 L で作られている。定盤の上に高さが違う H，h のブロックゲージを置き，その上にサインバーのローラーを載せると

$$\sin\alpha=\frac{H-h}{L}$$

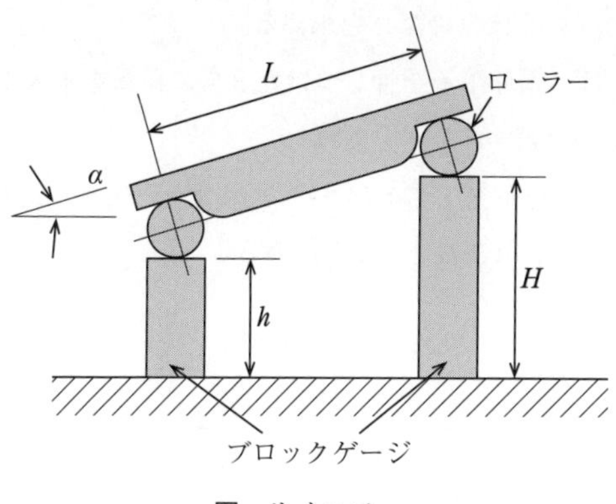

図　サインバー

という関係式から角度 α を設定することができるので，**1** は正しい。

2 の角度標準用の多面鏡はポリゴン鏡ともいい，角度の標準器に用いられるので **2** は正しい。**3** のオートコリメータは，対象物の微小な角度差や振れなどを測定し，真直度や平行度の測定に用いているので **3** は正しい。**4** の水準器の記述も正しい。

【正解】 **5**

【問】 7

測定子の跳ね上がり高さから測定される硬さはどれか，次の中から一つ選べ。

1　ビッカース硬さ

2　ロックウェル硬さ

3　ショア硬さ

4　ヌープ硬さ

5　ブリネル硬さ

【題意】 硬さ試験機に関する基礎的な知識を問うものである。

【解説】 **1** のビッカース硬さ試験機は，対面角 136° のダイヤモンド四角錘圧子を用い，押しつけた荷重を生じた永久くぼみの対角線から求めた表面積で除した商で表す。また，**4** のヌープ硬さ試験機は，ビッカース硬さ試験機で変形四角錐ダイヤモンド圧子を用いたものである。

2 のロックウェル硬さ試験機は，基準荷重を加えて，つぎに試験荷重を加え，再び基準荷重に戻したときのくぼみの深さを求める。

5 のブリネル硬さは，鋼球圧子を押しつけたときの荷重を永久くぼみの直径から求めた表面積で除した商で表す。

3 のショア硬さ試験機は，ダイヤモンドハンマ（測定子）を一定の高さから落としたときのはね返りの高さ（ショア高さ）から求める。

【正解】 **3**

問 8

流量や流速を測定する際の一次変換に用いられている原理や現象として関係のないものはどれか，次の中から一つ選べ。

1 ベルヌーイの法則

2 ドップラー効果

3 コリオリの力

4 カルマン渦

5 ジョセフソン効果

【題意】 流量や流速の測定をする際に一次変換に用いられている原理や現象の知識を問うものである。

【解説】 **1** のベルヌーイの法則（定理）は，任意の二つの断面における流体の速度を v_1，v_2，圧力を p_1，p_2，基準面からの高さを h_1，h_2，流体密度を ρ，重力加速度を g としたとき

$$\frac{v_1^2}{2g}+\frac{p_1}{\rho g}+h_1=\frac{v_2^2}{2g}+\frac{p_2}{\rho g}+h_2$$

の関係式が成立するものである。差圧流量計は，ベルヌーイの定理を応用したものである。

2 のドップラー効果は，超音波計測法におけるドップラー効果や伝搬速度差を用いて流量を測定できる。伝搬速度法は，超音波送受信器を二組設置し，流れの上流と下流間で送受信を行う方法で，流れに逆らう方向は遅れ，順方向は早まるので，両者の差で流速 v を求めることができる。

振動するU字パイプの中を流体が流れるとパイプに入る側と出る側とで流体には逆方向に**3**のコリオリの力が作用してパイプがねじ曲がる。作用するコリオリ力の大きさは流れる流体の質量と速度に比例するので，パイプのねじれ量を測定すれば流量がわかる。この現象を利用したものがコリオリ式流量計である。**4**のカルマン渦は，流れの中に円柱や角柱を置くと，物体の後方に規則的に形成される渦である。その渦発生の周波数は一定の法則に従うため，渦周波数から流量が測定できる。

以上，**1**～**4**は流量や流速の測定をする際に一次変換に用いられている原理や現象である。

5のジョセフソン効果は，二つの薄い超電導体を弱く結合したときに起こる量子化現象である。流量や流速を測定する際に一次変換に用いられるものではない。

【正 解】 **5**

問 9

流量計の圧力損失に関する次の記述の中から，誤っているものを一つ選べ。

1　同じ絞り直径比の絞り流量計の圧力損失は，ベンチュリ管，ノズル，オリフィスの順に大きくなる。

2　面積流量計は圧力損失がない。

3　層流流量計の圧力損失は流量に比例する。

4　電磁流量計は圧力損失がない。

5　流体のもつ機械エネルギーの一部が流量計の圧力損失により失われる。

【題 意】 流量計の圧力損失についての知識を問うものである。

【解 説】 絞り流量計の圧力損失は，絞り比が等しいならば，ベンチュリ管が最小で，ベンチュリ管の絞り部分から後を省いたような形のノズル，ノズルをさらに単純化したオリフィスの順に大きくなっていく。**1**は正しい。

層流流量計の圧力損失は，差圧と流量に比例する。**3**は正しい。

流体の運動エネルギーの一部が圧力損失によって失われる。しかし，電磁流量計や超音波流量計などは流量計内に流体の流れを妨げるもの，すなわち圧力損失をもたらすような物体をもたない流量計は圧力損失がほとんどない。**4**，**5**は正しい。

面積流量計は，圧力損失がある。**2** は誤りである。

［正 解］ **2**

問 10

A～E に掲げる圧力計あるいは真空計について，使用場所の重力加速度に依存するものを○，依存しないものを × とした場合，**1**～**5** の組合せの中から正しいものを一つ選べ。

A　ベローズ式圧力計

B　マクラウド真空計

C　ひずみゲージ式圧力計

D　ブルドン管圧力計

E　U 字管圧力計

	A	B	C	D	E
1	×	×	×	○	○
2	○	×	○	×	×
3	×	×	○	○	×
4	×	○	×	×	○
5	○	○	×	×	×

［題 意］ 圧力計及び真空計が重力加速度の影響を受けるか否かの知識を問うものである。

［解 説］

A　ベローズ式圧力計　　特徴は「ちょうちん」状のヒダを有していることである。ダイヤフラム形の圧力計に似ているが，ダイヤフラム圧力計よりも測定範囲が広く取れる。この計測器は重力加速度の影響を受けない。

C　ひずみゲージ式圧力計　　電気抵抗線式圧力計のことであり，金属線が周囲から圧力を受けるとその電気抵抗が変化することを利用した圧力計である。この計測器も重力加速度の影響は受けない。

D　ブルドン管圧力計　　工業上で最もよく使用されている圧力計である。ブルドン管とは，断面が楕円形の管を円形に曲げ，その一端を固定し，他端を閉じた管である。この管に内圧を加えると断面が円形に近づき，管の自由端は圧力にほぼ比例して変位する。これを変位拡大機構（リンク，セクタ歯車，ピニオン）を通じて目盛板の指針を動かして圧力を表示する。この計測器も重力加速度の影響は受けない。

B　マクラウド真空計　　閉管式水銀圧力計である。測定前は水銀だめを下げて水平位置にする。測定のとき，水銀は次第に細管の先端に圧縮される。そして，閉管の先端に達したときの閉管中の水銀の高さ h を求める。したがって，この計測器は重力加速度の影響を受ける。

E　U字管圧力計　　最も簡単な構造の圧力計である。水は低圧用に，水銀は高圧用に適している。密度が一定の静止流体内にある点の圧力を P_1，その点より h だけ深い場所の圧力を P_2 とすると，管の圧力は，次式で求められる。

$$P_2 - P_1 = \rho g h$$

ここで，ρ：液体の密度，g：重力加速度である。この計測器も重力加速度の影響を受ける。

したがって，重力加速度に依存するものはB，Eであり，依存しないものはA，C，Dである。

正解　**4**

問 11

接触式温度計を用いた温度測定において，不確かさ要因として考慮しなくてもよいものはどれか，次の中から一つ選べ。

1　温度計を測定対象に挿入する場合の挿入部に沿って生じる温度勾配

2　熱電対が均質な場合の素線途中の温度勾配により生じる熱起電力

3　熱電対を長期間高温に暴露して生じた素線の不均質

4　表面温度を測定する場合の温度計を接触させたことによる熱じょう乱

5　サーミスタを用いて精密な温度測定をする場合の測定電流による自己加熱

題意　接触式温度計の不確かさ要因についての知識を問うものである。

解説　**2** の記述は，均質回路の法則である。これは素線が均質な材料であれば，局部的な加熱によっても熱起電力に影響はない。したがって，不確かさの要因に考慮しなくてもよい。

1 の記述は，温度計の挿入深さである。被測温物に熱電対を挿入する場合，挿入長が短いと保護管および熱電対素線などの熱伝導により，測温接点が外界の温度の影響を受けて測温誤差を生ずる。

3 の記述は温度計の長時間の高温暴露である。熱電対素線は保護管を用いて，測定環境のガスや金属蒸気などからの汚染を保護しているが，他の金属と同様種々のガスや金属蒸気に反応して，金属組織は変化する。特に素線の場合には高温にさらされるため，反応速度も速くなり，まして長時間使用するため，使用開始時には誤差が少なく特性の良好なものであっても，変質劣化して熱起電力特性が変化し，ついには使用に耐えられなくなる。

4 の記述は，温度計を接触させることによる熱じょう乱である。これは，接触することにより測定物の温度が変化していくので接触させたときから十分に温度が平衡状態になるまで注意が必要である。

5 の記述はサーミスタの自己加熱である。サーミスタ自体に流れる電流による温度変化に対して抵抗が変化するので注意が必要である。

このように **2** 以外は，不確かさの要因として考慮しなくてはいけない事項である。

【正 解】 **2**

問 12

放射温度計を使って熱処理炉外から炉内の金属部材の温度を正しく測定するために考慮しなくてもよいものはどれか，次の中から一つ選べ。

1　金属部材の放射率

2　金属部材の熱容量

3　測定窓ガラスの透過率

4　金属部材表面での炉内放射の反射

5　測定光路の視野欠け

【題 意】 放射温度計の正しい測定についての知識を問うものである。

〔解　説〕 放射温度計で正確に測定するためには放射温度計の放射率 ε を測定する物体の放射率と等しくする必要がある。黒体テープやスプレーなどを使用して，物体の放射率を決めればより正確な測定が可能となる。また，測定窓に使用するガラスにはフッ化バリウムレンズなどが使用される。

正確な温度測定の基本的な条件は測定対象の放射輝度を正しく測定することと実効放射率の正確な把握である。測定窓にガラスを使用しているため，金属塊表面の放射率ではなくガラスの透過率を直接放射温度計で測定している。

また，測定光路に遮蔽物が入ると熱放射エネルギーが減少し指示誤差を招いてしまう。

以上の説明から，**1**，**3**，**4**，**5** の記述は放射温度計で正しく測定するために必要な項目である。一方，**2** の金属部材の熱容量は，考慮しなくてもよいと考えられる。

〔正　解〕 **2**

問 13

一次遅れ形計量器に対し，正弦波状に変化する周期 0.5 s の入力を与え続けた。数分後，計量器の出力は正弦波状に周期 0.5 s で変化していたが，その出力の位相は入力よりも 45° 遅れていた。この計量器の時定数は何秒か，次の中から最も近いものを一つ選べ。

1　0.08

2　0.5

3　0.8

4　2

5　8

〔題　意〕 一次遅れ形周波数特性を有する計量器に関する知識を問うものである。

〔解　説〕 一次遅れ型の計量器に，周波数 1 秒の正弦波状に変化する入力を与えた。時定数を τ とすると，$\omega = 1/\tau$ のときに，ゲインは -3 dB，位相遅れは 45° となる。この条件に対応する周波数を折れ点周波数という。ここでは，$f = 1/(2\pi\tau)$ が折れ点周波数である。これを τ について解くと $\tau = 1/(2\pi f)$ となる。周波数 f は周期 T で表

すと$f=1/T$なので，τは

$$\tau = T/2\pi = 0.5/(2\times 3.14) = 0.08$$

と求まる。

正解 1

問 14

ディジタル計測器に関する次の記述の中から，正しいものを一つ選べ。

1　測定量の量子化を行っているので外部雑音の影響を受けない。

2　量子化の分解能より小さい測定量の情報は失われる。

3　サンプリング周期の2倍よりも短い周期の変動を正しく検出できる。

4　ドリフトの影響を受けないので計測器の電源投入後のウォームアップは必要ない。

5　同一の測定レンジ内であれば，測定値は直線性の影響を受けない。

題意 ディジタル計測器についての知識を問うものである。

解説 **2**ではA-D変換器の分解能で量子化されるため，それ以下の小さな変化や量は一つの値で代表される。つまり，量子化の分解能より小さい測定量の情報は失われる。**2**は正しい。

1の外部雑音については，基本的にディジタル計測器は電子機器であり周囲の電磁気環境に左右され，静電気，電磁機器，商用電源，雷等々多くの外部雑音の影響を受ける。**1**は誤り。

3のサンプリング時間間隔と測定可能な周期については，1周期について二つ以上のデータが必要である。**3**は誤りである。**4**の計測器の電源投入後のウォームアップは必ず行わなければならない。**4**は誤り。

5の同一の測定レンジ内であれば，測定値は直線性の影響を受ける。**5**は誤りである。

正解 2

問 15

出力電力10 mWの高周波信号源に，減衰量が3 dBの高周波減衰器を接続し，

その出力をパワーメータで測定したときの値はいくらか，次の中から最も近いものを一つ選べ。なお，接続部の反射や損失は無視できるものとし，$10^{0.1}=1.26$ とする。

1　0.3 mW

2　0.5 mW

3　1 mW

4　3 mW

5　5 mW

【題 意】 高周波信号源の減衰比に関して知識を問うものである。

【解 説】 出力電力 10 mW の高周波信号源に，減衰量が 3 dB の高周波減衰器を接続し，その出力をパワーメータで測定した。

減衰比 x のとき，デジベル Y〔dB〕は，$Y=10\log x$ となる。

ここで $Y=-3$ dB のとき

$$x=10^{\frac{Y}{10}}=10^{-0.3}=\frac{1}{(1.26)^3}\fallingdotseq 1/2 \text{となる。}$$

したがって，10 mW の約 1/2 の 5 mW となる。

【正 解】 **5**

問 16

電子式はかりを用い，ある試料の質量を空気中で分銅との比較によって測定した。このときの試料の真の質量はいくらか，次の中から一つ選べ。

ここで，分銅の真の質量は 1 000.000 g，分銅の体積は 126 cm^3，分銅を電子式はかりに載せたときの表示は 1 000.000 g とする。そして，試料の体積は 121 cm^3，試料を電子式はかりに載せたときの表示は 1 000.001 g，空気の密度は 0.001 2 g/cm^3 とする。

1　1 000.007 g

2　1 000.006 g

3　1 000.001 g

4　999.995 g

5　999.994 g

【題 意】 浮力の補正を考慮し，分銅と試料の測定に違いが出ることを理解させる問題である。

【解 説】 分銅と試料それぞれに浮力が働いているために真の質量は違ってくる。浮力は，それぞれの体積に空気の密度を乗じたものである。

題意より，M_A：分銅の真の質量，M_B：試料の真の質量

V_A：分銅の体積，V_B：試料の体積

ρ：空気の密度

とする。ここで分銅の測定値が 1 000.000 g，試料の測定値が 1 000.001 g なので，そこを考慮すると，下記の式が成り立つ。

$$M_A - V_A \times \rho = M_B - V_B \times \rho - 0.001$$

ここで試料の真の質量 M_B を求めると

$$\begin{aligned} M_B &= M_A - \rho(V_A - V_B) + 0.001 \\ &= 1\,000.001 - 0.001\,2 \times (126 - 121)\,[\mathrm{g}] \\ &= 999.995\,[\mathrm{g}] \end{aligned}$$

【正 解】 **4**

【問】 17

「JIS B 7609× 分銅」に規定された分銅の協定質量と最大許容誤差および拡張不確かさに関する次の関係式の中から，正しいものを一つ選べ。

ここで，m_0 は分銅の公称質量，δm は最大許容誤差，U は包含係数 $k=2$ の拡張不確かさ，m_c は分銅の協定質量である。

1　$m_0 - (\delta m - U) \leqq m_c \leqq m_0 + (\delta m - U)$

2　$m_0 - (\delta m - 1/2U) \leqq m_c \leqq m_0 + (\delta m - 1/2U)$

3　$m_0 - \delta m \leqq m_c \leqq m_0 + \delta m$

4　$m_0 - (\delta m + 1/2U) \leqq m_c \leqq m_0 + (\delta m + 1/2U)$

5　$m_0 - (\delta m + U) \leqq m_c \leqq m_0 + (\delta m + U)$

題意　「JIS B 7609　分銅」に規定されている分銅の協定質量と最大許容誤差及び拡張不確かさの関係の知識を問うものである。

解説　分銅の協定質量は，公称値に対する隔たりが最大許容誤差と拡張不確かさとの差より大きくなく，次式で表される範囲内になければならない。

$$m_0 - (\delta m - U) \leqq m_c \leqq m_0 + (\delta m - U)$$

正解　**1**

問 18

「JIS B 7609 分銅」に規定された「協定質量」に関する次の記述の（ア）～（ウ）に入る語句の組合せとして，正しいものを一つ選べ。

> 国際法定計量機関による国際文書 OIML D28(空気中の計量結果の協定値)に従って定められた空気中での質量測定の結果についての取決めによる値，すなわち，［(ア)］の温度で［(イ)］の密度の空気中において被校正分銅と釣合う密度が［(ウ)］の参照分銅の質量

A　20 ℃

B　23 ℃

C　1.1 kg/m^3

D　1.2 kg/m^3

E　8000 kg/m^3

F　8400 kg/m^3

	（ア）	（イ）	（ウ）
1	A	C	F
2	A	D	E
3	B	C	E
4	B	C	F
5	B	D	E

題意 「JIS B 7609　分銅」に規定されている「協定質量」に関する知識を問うものである。

解説 JIS B 7609：2008 の「3.1 協定質量（conventional mass）」は，分銅の校正結果として一般的な「協定質量」に関しての記述であり，「OIML D28（空気中の計量結果の協定値）に従って定められた空気中での質量測定についての取り決めにより値，すなわち，20 ℃の温度で 1.2 kg/m^3 の密度の空気中において被校正分銅と釣合う密度が 8 000 kg/m^3 の参照分銅の質量」であると定義されている。

よって，（ア）がＡの 20 ℃，（イ）がＤの 1.2 kg/m^3，（ウ）がＥの 8 000 kg/m^3 である。

正解 **2**

問 19

ひょう量が 3 kg，目量が 1 g の電子式はかりを用いて，2 kg 分銅を測定する。重力加速度が 9.794 m/s^2 の場所で 2.000 kg を表示した。このはかりと分銅を重力加速度が 9.804 m/s^2 の場所に移動し，分銅を測定した場合のはかりの表示値はいくらか，次の中から一つ選べ。

ただし，重力加速度以外の測定条件は移動前後で同一であり，はかりは自己補正機構を備えていない。

1　1.998 kg

2　1.999 kg

3　2.000 kg

4　2.001 kg

5　2.002 kg

題意 分銅の重さが重力加速度の大きさで違いが出てくることの理解度を問うものである。

解説 分銅を別の場所に移動させると，重力加速度の影響を受け分銅の重さは変化する。移動前の所における分銅の重さを W_1，その地の重力加速度の大きさを g_1，移動した場所での分銅の重さを W_2，重力加速度の大きさを g_2 とすると，その関係は

次式で与えられる。求めたいのは，移動したところでの分銅を測定した場合のはかりの指示値 W_2 なので，

$$W_2 = (W_1/g_1) \times g_2$$
$$= (2.000/9.794) \times 9.804$$
$$= 2.002 \text{〔kg〕}$$

となる。

【正　解】 **5**

問 20

「JIS B 8572-1：2008 燃料油メーター取引又は証明用第1部：自動車等給油メーター」の検定流量に関する次の記述の（ア）～（ウ）に入る語句の組合せとして，正しいものを一つ選べ。

> 検定流量は，使用最小流量及び大流量（［（ア）］の［（イ）］以上の任意の1流量。）の2流量とする。ただし，計量システムの検定を行う場合であって，使用実態などによりこの流量によれない場合は，計量システムに表記された使用最小流量から使用最大流量の範囲のうちで，使用実態に応じて可能な最小流量及び最大流量の2流量とする。また，流量の調節ができないものにあっては，［（ウ）］とする。

	（ア）	（イ）	（ウ）
1	使用最小流量	1.5倍	1流量
2	使用最小流量	2倍	任意の2流量
3	使用最大流量	6/10	1流量
4	使用最大流量	6/10	任意の2流量
5	使用最大流量	4/10	1流量

【題　意】　自動車等給油メーターの器差検定に関する知識を問うものである。

【解　説】　自動車等給油メーターの器差検定の方法は，検定検査規則第392条（JIS B 8572-1：2008）で使用最小流量及び大流量（使用最大流量の 6/10 以上の任意の1の

流量）の 2 の流量でそれぞれ 1 回行う。ただし，計量システムの検定を行う場合であって，使用実態などによりこの流量によれない場合は，計量システムに表記された使用最小流量から使用最大流量の範囲のうちで，使用実態に応じて可能な最小流量及び最大流量の 2 流量とする。また，流量の調節ができないものにあっては，1 流量とする。

したがって，（ア）は，使用最大流量，（イ）は 6/10，（ウ）は 1 流量である。

正 解 3

問 21

せん断型ロードセルを**図 1** に示す。各視点から見ると，4 枚のひずみゲージ（R_1，R_2，R_3，R_4）は**図 2** に示すように接着されている。

ひずみ量を高感度に検出するため，4 枚のひずみゲージを**図 3** に示すブリッジ回路の A，B，C，D のどの位置に結線すればよいか，組合せとして，正しいものを一つ選べ。

ただし，ひずみゲージの感度方向は**図 4** とする。

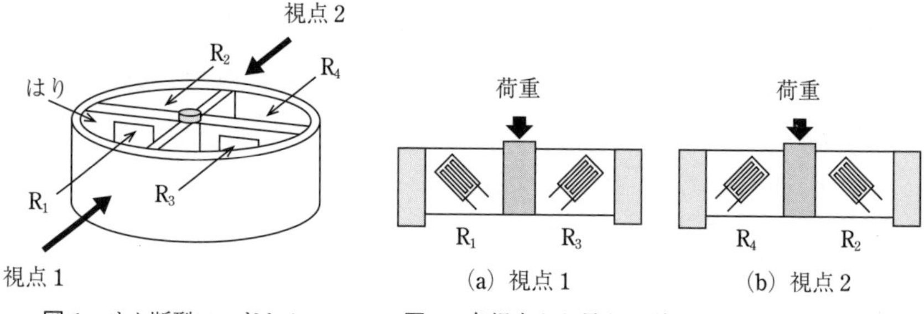

図 1　せん断型ロードセル　　**図 2**　各視点から見たひずみゲージの貼り付け方向

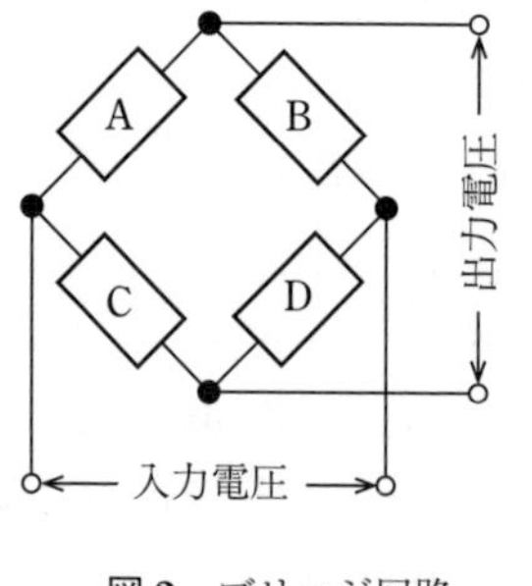

図 3　ブリッジ回路

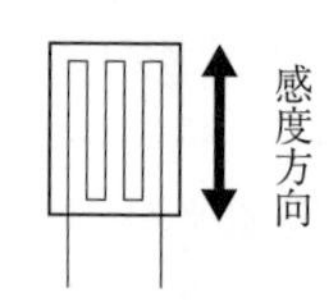

図 4　ひずみゲージの感度方向

	R_1	R_2	R_3	R_4
1	A	B	C	D
2	A	B	D	C
3	A	C	B	D
4	A	D	B	C
5	A	D	C	B

【題意】 せん断型ロードセルに関する知識を問うものである。

【解説】 一般にせん断型ロードセルの梁では，**図1**のようにせん断を発生させる力の方向に対して，斜め45°でひずみが最大になるので，ひずみゲージは斜め45°に貼る。

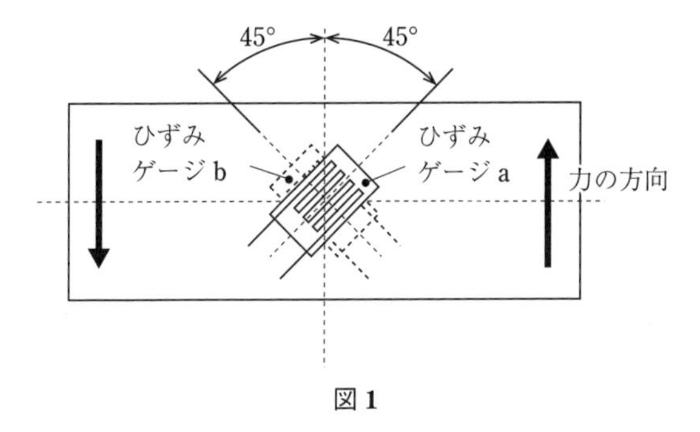

図1

このとき，ひずみゲージaには引張ひずみが，ひずみゲージbには同じ量の圧縮ひずみが生じる。

したがって，**図2**の視点1におけるひずみゲージR1とR3には引張ひずみが生じている。また，**図3**の視点2におけるひずみゲージR2とR4には圧縮ひずみが生じている。

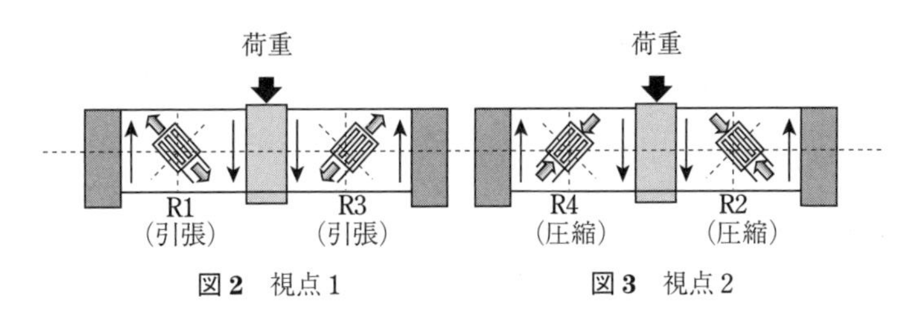

図2　視点1　　　**図3**　視点2

一般的にロードセルの結線で，出力電圧が最も大きくなるのは，**図 4** のブリッジ回路の図で，A と D のひずみゲージには引張ひずみの生じているゲージを B と C には圧縮ひずみの生じているゲージを結線するか，または，A と D のひずみゲージには圧縮ひずみの生じているゲージを B と C には引張ひずみの生じているゲージを結線すればよい。解答の選択肢より，A の位置には R1 を結線するので，D にくるのは R3 しかなく，正解は **2** である。

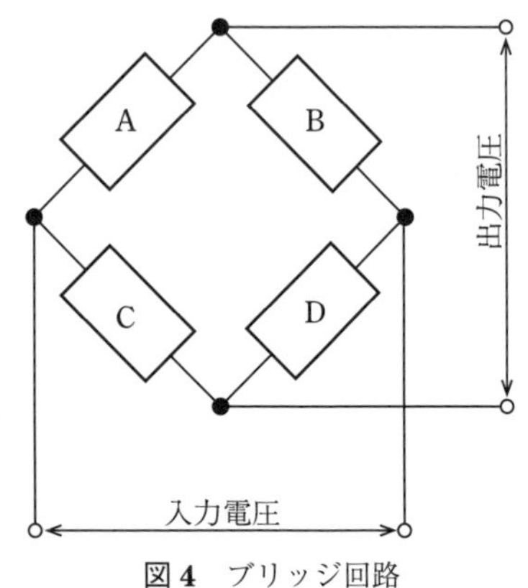

図 4　ブリッジ回路

正解　**2**

問 22

計量法上の特定計量器であって，ひょう量 3 kg，精度等級 3 級の非自動はかりの使用公差を示すものはどれか，次の中から一つ選べ。

ただし，この非自動はかりの目量は，0 kg から 1.5 kg までは 1 g，1.5 kg を超え 3 kg までが 2 g である。

1

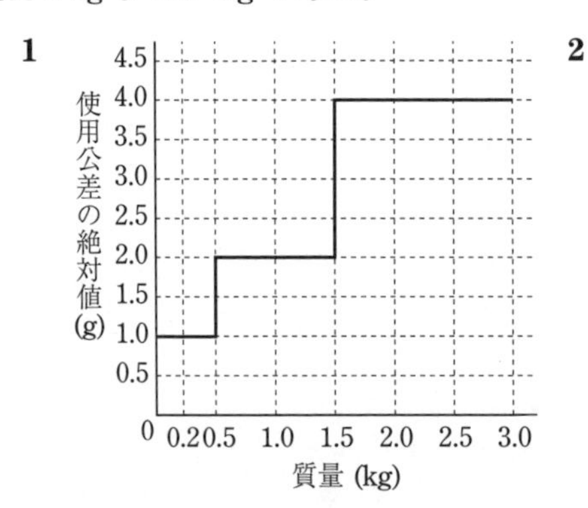

2

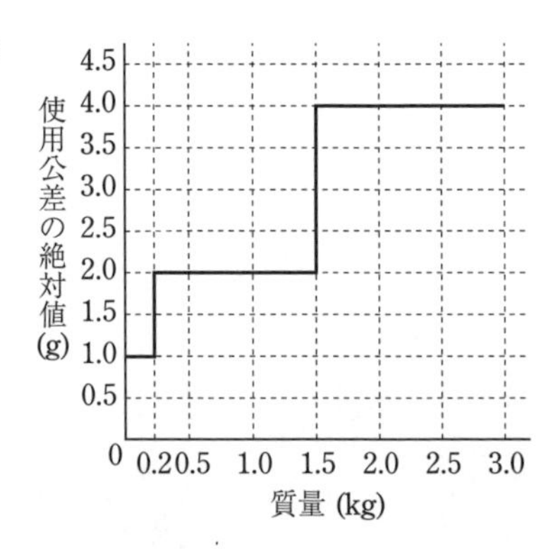

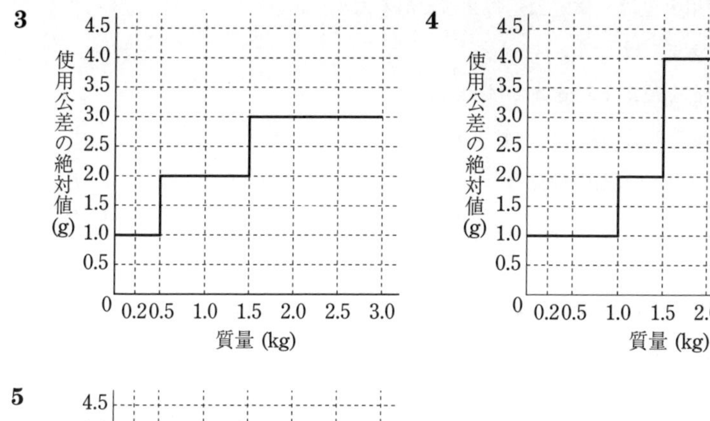

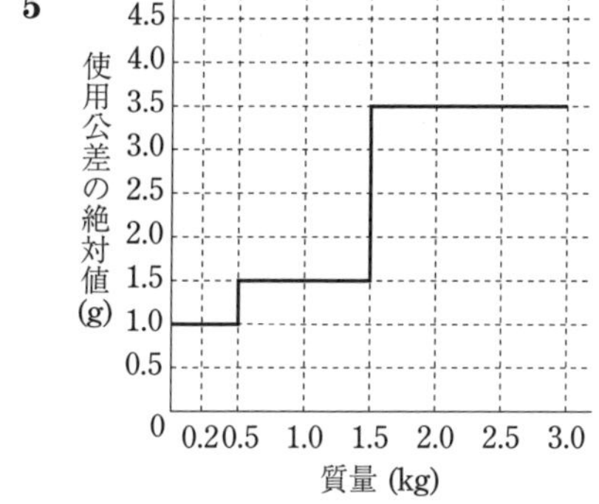

題 意　精度等級が3級，ひょう量が3 kgの非自動はかりの使用公差に関する知識を問うものである。

解 説　非自動はかり（多目量はかり）の使用公差を求める問題である。非自動はかりの精度等級が3級，ひょう量が3 kgである。

0 ～ 1.5 kgの部分計量範囲は目量1 gである。

1.5 ～ 3 kgの部分計量範囲は目量2 gである。

検定公差は

1 g × 500 = 500 gまで0.5目量　± 0.5 g

1 g × 1 500 = 1 500 gまで1目量　± 1.0 g

また，このはかりはひょう量が3 kg，多目量はかりであるため

2 g × 1 500 = 3 000 gまで1目量　± 2.0 g

ここで使用公差は，検定公差の 2 倍であるため

0.5 kg までは ±1 g

0.5 kg を超え 1.5 kg までは ±2 g

1.5 kg を超え 3 kg までは ±4 g

図で表すと使用公差の絶対値として正しいのは **1** である。

正解 **1**

問 23

ロバーバル機構を備えるはかりにおいて，図のように皿の中心から左方向に e だけ偏置して荷重 (W) を負荷した。このときの偏置誤差 (E) を表す式はどれか，次の中から一つ選べ。

1　$E = \dfrac{deW}{a\delta}$

2　$E = \dfrac{aeW}{d\delta}$

3　$E = \dfrac{e\delta W}{ad}$

4　$E = \dfrac{d\delta W}{ae}$

5　$E = \dfrac{a\delta W}{de}$

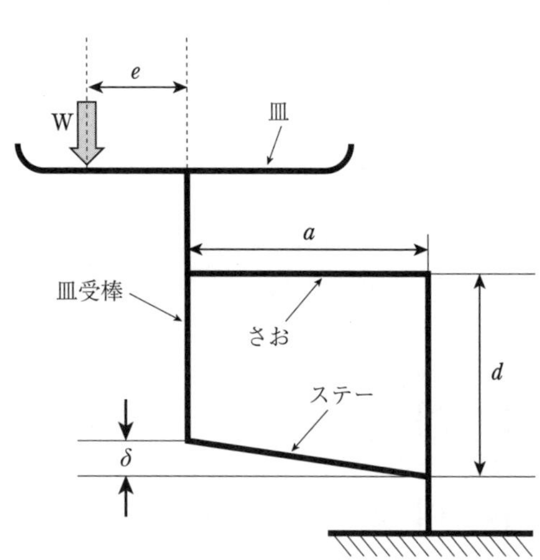

題意　ロバーバル機構の理解度を問うものである。

解説　ロバーバル機構を有するはかりの偏置誤差 E は，負荷の偏芯量 e と皿受け棒の長短 δ，荷重の大きさ W 及び平衡リンクの大きさ a，d とすると次式で表される。

$$E = \frac{e\delta}{ad} W$$

E は，W，e，δ に比例し，平衡リンクの大きさ a，d に反比例する。つまり，偏置誤差 E は，皿受棒と支柱との距離を長くすると小さくなるのである。

正 解　**3**

問 24

「JIS B 7611-2：2015 非自動はかり － 性能要件及び試験方法 － 第2部：取引又は証明用」の風袋引き装置に関する次の記述の中から，誤っているものを一つ選べ。

1　非自動風袋引き装置：操作者によって荷重が釣り合わされる。

2　半自動風袋引き装置：単一の手動操作によって自動的に荷重が釣り合わされる。

3　自動風袋引き装置：操作者なしで荷重が自動的に釣り合わされる。

4　加算式風袋引き装置：正味荷重に対する計量範囲が増加する風袋引き装置。

5　減算式風袋引き装置：正味荷重に対する計量範囲が減少する風袋引き装置。

題 意　JIS B 7611-2 に規定された非自動はかりの風袋引き装置に関する用語の知識を問うものである。

解 説　「JIS B 7611-2　非自動はかり － 性能要件及び試験方法 － 第2部：取引または証明用」の「3.2.7.3　零トラッキング装置」によれば

・非自動風袋引き装置：操作者によって荷重が釣り合わされる（**1** は正しい）。

・半自動風袋引き装置：単一の手動操作によって自動的に荷重が釣り合わされる（**2** は正しい）。

・自動風袋引き装置：操作者なしで荷重が自動的に釣り合わされる（**3** は正しい）。

である。また，何らかの荷重が荷重受け部上にあるとき，表示を零に設定するための装置として

・加算式風袋引き装置：正味荷重に対する計量範囲は変わらない風袋引き装置（**4** は誤り）。

・減算式風袋引き装置：正味荷重に対する計量範囲が減少する風袋引き装置（**5** は正しい）。

となっている。

正解　4

問 25

計量法に規定されている三級基準分銅を表す標識はどれか，次の中から一つ選べ。

1　E1

2　M1

3　F1

4　M2

5　F2

題意　計量法に規定された分銅の表す標識の知識を問うものである。

解説　計量法に規定されている基準分銅を表す標識は，**表**のとおりである。

表　基準分銅を表す標識

種　類	標　識
特級基準分銅	F1
一級基準分銅	F2
二級基準分銅	M1
三級基準分銅	M2

また，JIS B 7609：2008 に規定されている分銅は，さらに精度等級（E_1, E_2, F_1, F_2, M_1, M_{1-2}, M_2, M_{2-3}, M_3 級）に分けて規定されている。表より，三級基準分銅の表す標識は M2 である。

正解　4

2.2　第69回（平成30年12月実施）

問 1

「JIS Z 8103 計測用語」における計測に関する用語の定義をア～ウに示し，用語をA～Fに示す。定義と用語の組合せとして，次の**1**～**5**の中から正しいものを一つ選べ。

ア　合理的に測定量に結び付けられ得る値の分布の大部分を含むと期待される区間を定める量。

イ　測定値の大きさがそろっていないこと。また，ふぞろいの程度。

ウ　測定条件を変更して行われた，同一の測定量の測定結果の間の一致の度合い。

A　拡張不確かさ

B　合成標準不確かさ

C　合成誤差

D　繰返し性

E　ばらつき

F　再現性

	ア	イ	ウ
1	A	C	D
2	A	D	E
3	A	E	F
4	B	C	D
5	B	E	F

【題意】　規格「JIS Z 8103 計測用語」の知識を問うものである。

【解説】　A～Fまでの用語はすべて「JIS Z 8103 計測用語」の「b）測定　6）誤差及び精度」に記載されている。

Aの拡張不確かさは，「合理的に測定量に結び付けられ得る値の分布の大部分を含むと期待される区間を定める量」である。

Bの合成標準不確かさは,「幾つかの量の値から求められる測定の結果の標準不確かさ。各量の変化に応じて測定結果がどれだけ変わるかによって重み付けした。分散又は他の量との共分散の和の平方根に等しい。」である。

Cの合成誤差は,「幾つかの量の値から間接に導き出される量の値の誤差として,部分誤差を合成したもの」である。

Dの繰り返し性は,「同一の測定条件下で行われた,同一の測定量の繰返し測定結果の間の一致の度合い」である。

Eのばらつきは,「測定量の大きさがそろっていないこと。また,ふぞろいの程度」である。

Fの再現性は,「測定条件を変更して行われた,同一の測定量の測定結果の間の一致の度合」である。

したがって,アはAの拡張不確かさ,イはEのばらつき,ウはFの再現性となる。

正 解 **3**

問 2

計量器に使われる国際単位系(SI)の基本単位と,現在その定義が基づいている現象や量に関する組合せとして,正しいものを一つ選べ。

1　アンペア　：量子ホール効果
2　キログラム：炭素12の原子の質量
3　メートル　：国際メートル原器の刻線間の距離
4　ケルビン　：高融点金属の凝固温度における黒体放射輝度
5　秒　　　　：ある原子の二つのエネルギー準位間の遷移

題 意　国際単位系(SI)に関する問題である。

解 説　**1**のアンペア(A)は,真空中に1メートルの間隔で平行におかれた無限に小さい円形断面積を有する無限に長い2本の直線状導体のそれぞれを流れ,これらの導体の長さ1メートルごとに2×10^{-7}ニュートンの力を及ぼし合う一定の電流である(ただし,2019年5月20日より電気素量による定義に改定された)。**1**は誤り。

2 のキログラム（kg）は，質量の単位であって，それは国際キログラム原器の質量に等しい（ただし，2019年5月20日よりプランク定数による定義に改定された）。**2** は誤り。

3 のメートル（m）は，1秒の299 792 458分の1の時間に光が真空中を伝わる行程の長さである。**3** は誤り。

4 のケルビン（K）は，水の三重点の熱力学温度の1/273.16である（ただし，2019年5月20日よりボルツマン定数による定義に改定された）。**4** は誤り。

5 の秒（s）は，セシウム133の原子の基底状態の二つの超微細構造準位の間の遷移に対応する放射の9 192 631 770周期の継続時間である。**5** は正しい。

【正解】 **5**

問 3

ある計量器の校正を行ったときの校正の不確かさを評価する。不確かさ要因A～Dまでの標準不確かさが以下のとき，合成標準不確かさとして最も近い値を一つ選べ。ただし，各不確かさ要因に相関関係はなく，各標準不確かさの係数は1とし，そのほかの要因は無視できるとする。

要因Aの標準不確かさ　$u_{\mathrm{A}}=4$

要因Bの標準不確かさ　$u_{\mathrm{B}}=0.2$

要因Cの標準不確かさ　$u_{\mathrm{C}}=0.1$

要因Dの標準不確かさ　$u_{\mathrm{D}}=3$

1　3.5

2　5

3　7

4　12

5　25

【題意】 合成標準不確かさの結果を考察する問題である。

【解説】 合成標準不確かさは，各標準不確かさの二乗和の平方根で定義されるため

要因Aの標準不確かさ　$u_A=4$

要因 B の標準不確かさ　$u_B = 0.2$

要因 C の標準不確かさ　$u_C = 0.1$

要因 D の標準不確かさ　$u_D = 3$

を代入して

$$\sqrt{(v_A^2)+(v_B^2)+(v_C^2)+(v_D^2)}$$

$$= \sqrt{(4)^2+(0.2)^2+(0.1)^2+(3)^2}$$

$$\fallingdotseq 5$$

【正 解】 **2**

問 4

円筒などの外径測定に用いられ，「JIS B 7502 マイクロメータ」に規定されている外側マイクロメータに関する次の記述の中から，誤っているものを一つ選べ。

1　スピンドルとアンビルの測定面は平面である。

2　測定に際しては，マイクロメータスタンドを利用するか，防熱構造部を持つ。

3　スピンドルが回転式の場合，指示誤差の測定は，スピンドルの整数回転及びその中間の位置で行うことが望ましい。

4　測定対象物をスピンドルとアンビルで，できるかぎり強く挟み込む。

5　目盛を読むときは，視差が出ないように目盛の真上から読む。

【題 意】「JIS B 7502 マイクロメータ」に規定されている「外側マイクロメータ」について問うものである。

【解 説】外側マイクロメータの外観を**図**に示す。

アンビルとスピンドルの測定面は平面であるため **1** は正しい。手の熱がマイクロメータに直接伝わるのを防ぐため，スタンドや防熱構造部を持って測定を行うことが望ましいため **2** は正しい。

ねじピッチの整数倍の位置およびその中間の位置でスピンドルの測定が可能になる

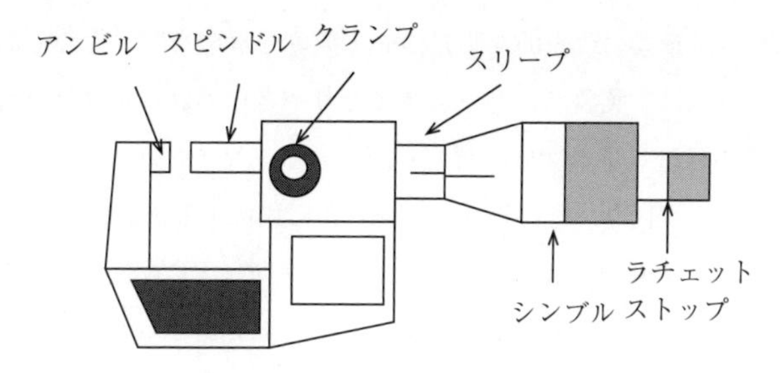

図　外側マイクロメータの外観

ようにしたほうがよいと規格に書かれている。これはマイクロメータは，ねじを利用して直線変位を回転角に変換して，さらにこれを拡大して長さを測定する物であるため，整数倍の位置だけだと同じような回転の所で測定を行うので，変化をさせたほうがよいという意味である。この説明から **3** も正しい。目盛を読むときは，視差が出るので目盛の真上から読むことは常識の範囲であるので **5** も正しい。

外側マイクロメータには測定圧には個人差があるので，これを一定にするためラチェットストップが取りつけられてある。**4** のようなスピンドルとアンビルをできるだけ強く挟んで測定することは誤差が出やすくなるし，何よりもマイクロメータを破損させるおそれがあるので絶対に行ってはならない。**4** は誤り。

【正 解】 **4**

問 5

長さを測定する計量器について，特徴的な要素とその要素の機能を挙げた。次の組合せの中から，正しいものを一つ選べ。

	計量器	要素	機能
1	マイクロメータ	バーニヤ	測定子の動きの拡大
2	マイクロメータ	てこ	測定子の動きの拡大
3	ノギス	バーニヤ	最小目盛以下の数値の読み取り
4	ノギス	てこ	変位を回転角に変換
5	ダイヤルゲージ	歯車	最小目盛以下の数値の読み取り

【題 意】 長さ計量器の代表的な物について要素と機能を問うものである。

【解 説】 ノギスは，英語名はバーニアキャリパといわれる。本尺目盛とバーニア目盛でもって最小目盛以下の数値の読取りができる。マイクロメータは，固定したねじの中をスピンドルが回り，その送り量が回転角に比例することを利用した物である。ダイヤルゲージは，スピンドルの軸方向の動きは，同軸上に配置されたラックからピニオン及び同軸上の歯車で回転運動に変換し，さらに指針が取り付けられた指針ピニオンに拡大伝達されて円形目盛板に指示される。したがって，計量器と，その要素，機能が合致しているのは**3**の組合せである。

【正 解】 **3**

問 6

対象の分光放射輝度から温度を推定する狭帯域放射温度計（単色放射温度計とも呼ばれる。）の原理に関する次の記述の中から，正しいものを一つ選べ。

1　分光放射輝度分布のピーク波長から温度を求める。

2　分光放射輝度は対象の温度の 4 乗に比例する。

3　分光放射輝度は対象の熱容量に依存する。

4　分光放射輝度は対象の熱伝導率に依存する。

5　分光放射輝度は対象の分光放射率に依存する。

【題 意】 放射温度計の基礎を問うものである。

【解 説】 放射温度計は，分光放射輝度または放射輝度を測定して，測定対象の温度を求める。

特徴としては，非接触で高温が測定できる。移動物体，測定する物が小さな物体，薄膜などの熱容量が小さい物体でも測定が可能である。しかし，光を強く反射する物体や低温の物体では，放射エネルギーが小さいため誤差が生じやすいので注意が必要である。

また，正確に測定するためには放射温度計の放射率 ε を測定する物体の放射率と等しくする必要がある。黒体テープやスプレーなどを使用して，物体の放射率を決めればより正確な測定が可能となる。

特定波長における比率を分光放射率という。正確な温度測定の基本的な条件は測定対象の放射輝度を正しく測定することと分光放射率の正確な把握である。分光放射輝度は，対象の分光放射率に依存する。したがって，正解は**5**である。

【正 解】 **5**

問 7

「JIS C 1602 熱電対」に規定される次の用語の定義の中から，誤っているものを一つ選べ。

1 測温接点：測温対象物に熱的に接触させる熱電対素線の接合点

2 基準関数：規準熱起電力からの熱起電力の差を表す式

3 絶縁管　：熱電対の素線相互間の短絡を防ぐための管

4 常用限度：空気中において連続して使用できる温度の限度

5 安定度　：空気中において加熱したときの熱起電力特性の変化の量

【題 意】 「JIS C 1602 熱電対」に規定される用語集からの出題である。

【解 説】 **1**の「測温接点」は規格 3.3 の定義「測温対象物に熱的に接触させる熱電対素線の接合点」のとおりで正しい。

3の「絶縁管」は規格 3.5 の定義「熱電対の素線相互間の短絡を防ぐための管」のとおりで正しい。

4の「常用温度」は規格 3.14 の定義「空気中において連続して使用できる温度の限界」のとおりで正しい。

5の「安定度」は規格 3.16 の定義「空気中において加熱したときの熱起電力特性の変化の量」のとおりで正しい。

2の「基準関数」は規格 3.12 の定義では「規準熱起電力を表す温度の式」となっており，**2**の定義は誤り。

【正 解】 **2**

問 8

湿度の計量器に関する次の記述の中から，誤っているものを一つ選べ。

1　ひょう量式湿度計の原理は，国際単位系（SI）に直結する絶対測定による方法である。

2　毛髪湿度計は，測定空気の相対湿度を示す。

3　光学式露点計は，鏡面上の露（霜）の付着量の増減を鏡面からの反射光で検出する。

4　塩化リチウム露点計は，塩化リチウム水溶液が飽和溶液となる温度を露点と対応させる。

5　通風乾湿計は，湿布で覆われた感温部の温度を測る温度計の指示値が，常に露点（霜点）を示す。

【題 意】 湿度計についての知識を問うものである。

【解 説】 **1** のひょう量式湿度計による測定法は，測定空気の含有水蒸気を吸収剤に吸収させる，または凍結させるなどの方法で分離し，質量測定によって定量する。一方，水蒸気を分離した後の乾燥空気は，冷却して容器に集めて質量を測定するか，または体積を定積槽，積算流量計などによって測定する。湿度測定方法の規格（JIS Z 8806：2001）に国際単位系（SI）に直結する絶対測定となる方法であると記載されている。

2 の毛髪湿度計は，毛筆の吸脱効果による伸縮を利用して相対湿度を直示する。

3 の光学式露点計は，水滴がついたと判断した状態を光で検出する方法である。

4 の塩化リチウム露点計は，塩化リチウム水溶液が塗布した膜の表面における水蒸気圧が周囲の気体の水蒸気圧と等しくなる温度を測定し，その温度から飽和蒸気圧を見つけ，さらに乾球の温度から相対湿度を読み取るものである。

5 の通風乾湿計は，湿球が氷結していても測定可能である。ゆえに湿布で覆われた感湿部の温度を測定する温度計の指示値は，つねに露点にはならない。**5** は誤り。

【正 解】 **5**

【問】 9

図のように曲がった透明ガラス管の一端が大気開放され，他端は閉じている。このガラス管の一部（灰色部分）に水が入っており，そのほかの部分は空気で満たされている。A点における圧力（ゲージ圧）として最も近い数値はどれか，次の中から一つ選べ。ただし，水の密度を1 000 kg/m^3，重力加速度を10 m/s^{2}とし，空気密度を無視してよい。

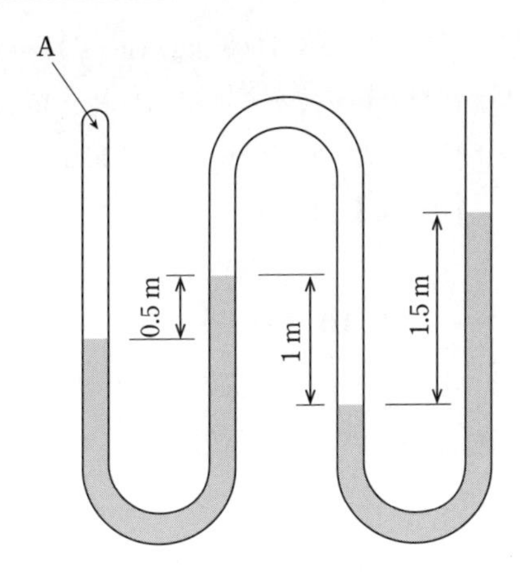

1　0.01 MPa

2　0.02 MPa

3　0.03 MPa

4　0.1 MPa

5　0.2 MPa

題意　U字管圧力計の測定原理を問うものである。

解説　問題の図は連通管式マノメータであるが，これはU字管圧力計の応用である。

図のように，U字管の左右に作用する圧力をP_1，P_2としたとき$P_1 > P_2$のときは，P_1の作用する液面はP_2の作用する液面より低くなる。その液面の高さをhとすると，$P_1 - P_2 = \rho g h$となる。ここで，ρは，液体の密度，gは重力加速度である。それを押さえれば解ける問題である。

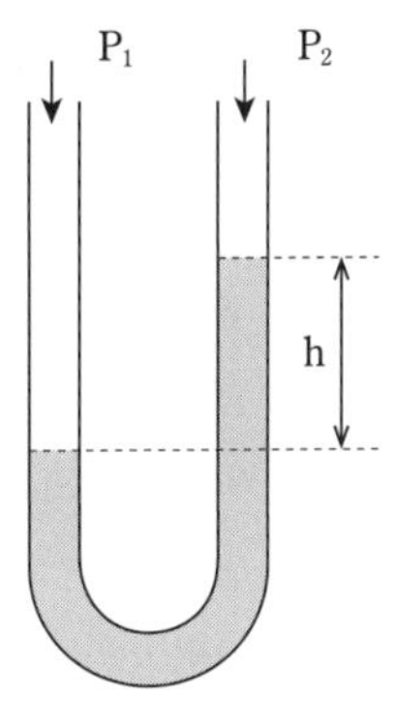

図　U字管

問題に書かれている一番右の大気解放されているところの圧力をP_0とする。ゲージ圧は，大気圧をゼロとする相対的な圧力なのでP_0は0 kPaである。一番右の管の左隣の管の圧力をP_1，その隣の管の圧力をP_2，最後に他端（A点）のところの圧力をP_3とする。

ここでは，次式が成り立つ。

$$P_1 - P_0 = 1\,000\,〔\mathrm{kg/m^3}〕\times 10\,〔\mathrm{m/s^2}〕\times 1.5\,〔\mathrm{m}〕$$
$$= 15\,000\,〔\mathrm{kg/(m \cdot s^2)}〕 = 15\,〔\mathrm{kPa}〕$$

P_1とP_2の間は空気のため同じ圧力と考えていい。

$$P_3 - P_2 = 1\,000\,〔\mathrm{kg/m^3}〕\times 10\,〔\mathrm{m/s^2}〕\times 0.5\,〔\mathrm{m}〕$$

$$= 5\,000\,[\mathrm{kg/(m \cdot s^2)}] = 5\,[\mathrm{kPa}]$$

P_0 は 0 kPa であるから，$P_1, P_2 = 15$ kPa，$P_3 = 20$ kPa となる。したがって，A 点における圧力（ゲージ圧）は，20 kPa（＝0.02 MPa）である。

【正解】 **2**

問 10

ある流量計は常温の気体及び液体の両方に適用でき，圧力損失が小さく，可動部がないという特徴を有している。この特徴を有する流量計を，次の中から一つ選べ。

1　超音波流量計

2　面積流量計

3　タービン流量計

4　容積流量計

5　オリフィス流量計

【題意】 流量計についての知識を問うものである。

【解説】 超音波流量計の特徴には

- 気体や液体両方の測定ができる。
- 構造が簡単で機械的可動部がない。
- 圧力損失がほとんどない。
- 渦流量計などに比べ大口径が容易に製作できる。

などが挙げられる。

よって，この中で問題の特徴を有する流量計は，**1** の超音波流量計である。電磁流量計も圧力損失がほとんどない流量計であるが，気体の測定ができないという欠点がある。

【正解】 **1**

問 11

一軸の半導体加速度センサに関する次の記述の中から，誤っているものを一つ選べ。

1　測定する加速度ベクトルの方向と感度軸を一致させる必要がある。

2　固有振動数より十分高い振動は加速度ではなく変位が測定される。

3　小型化し質量が小さくなるほど固有振動数は高くなる。

4　感度軸と直交する方向の加速度は無視できる。

5　固有振動数近傍の振動の加速度は正しく測定できない。

【題意】　一軸の半導体加速度センサに関する問題である。

【解説】　一軸の半導体加速度センサは，加速度検出素子部と検出信号を増幅して信号処理する電子回路部（半導体センサ）からなる。半導体の微細加工技術を応用したMEMS（メムス）半導体加速度センサが最も汎用されている。

3，**5**は一般的なセンサの持っている特性であり正しい。**1**，**2**は題意から一軸のセンサであり一自由度であれば回転による影響や感度軸の一致を考慮すべきことである（**1**，**2**は正しい）。同時に**1**と反対の意味で，一自由度の感度の軸がこれに90°傾いている**4**の説明では当然感度が得られないため測定はできない。**4**は誤り。

【正解】　**4**

問 12

時定数が0.1 sである一次遅れ形計量器に，一定振幅の長く続く正弦状の入力を与えた場合の出力に関する次の記述の中から，正しいものを一つ選べ。

1　入力の角周波数が0.1 rad/sの場合，出力の位相は90°近く遅れる。

2　入力の角周波数が1 rad/sの場合，出力の位相は45°遅れる。

3　入力の角周波数が10 rad/sの場合，出力の振幅は3 dB低下する。

4　入力の角周波数が100 rad/sの場合，出力の振幅は10 dB低下する。

5　入力の角周波数が1 000 rad/sの場合，出力の位相はほとんど遅れない。

【題意】　時定数0.1 sの一次遅れ形計量器に正弦波の入力を与えた場合の出力に関する問題である。

【解説】　周波数応答は，系への入力をx，振幅をA_0として

$$x = A_0 \sin \omega t$$

を加えたときの応答をいう。ここで，ω は角周波数，t は時間である。

系が線形の場合は定常状態において出力 y は入力と同じ周波数の正弦波

$$y = A_1 \sin(\omega t - \phi)$$

で表されるが，振幅（A_1）が異なり，位相は ϕ だけ遅れる。

A_1/A_0 を振幅比（ゲイン）という。

入出力の振幅比と位相差は入出力の周波数によって決まる。

一次型周波数応答の特性を見てみると，周波数が高くなるに従いゲイン（利得）が低下する。

時定数を τ とすると，$\omega = 1/\tau$ のとき，ゲインは -3 dB，位相遅れは 45° となる。

$\omega = 10/\tau$ のとき，出力の振幅は -20 dB 程度低下する。

題意より，時定数が 0.1 s であるから

入力の角周波数が 10 rad/s ならば，$\omega\tau$ は $10 \times 0.1 = 1$ となる。このとき，出力の振幅は 3 dB 低下する。**3** は正しい。

入力の角周波数が 0.1 rad/s ならば，$\omega\tau$ は 0.01 となる。このとき出力の位相ずれはない。**1** は誤り。

入力の角周波数が 1 rad/s ならば，$\omega\tau$ は 0.1 となる。このとき出力の位相は 5° 程度遅れる。**2** は誤り。

入力の角周波数が 100 rad/s ならば，$\omega\tau$ は 10 となる。このとき出力の振幅は 20 dB 低下する。**4** は誤り。

入力の角周波数が 1 000 rad/s ならば，$\omega\tau$ は 100 となる。このとき出力の位相遅れは 90° になる。**5** は誤り。

【正 解】 **3**

問 13

デジタル計量器では，パルス信号の論理演算を行うことがある。**図 1** に示す論理積演算素子（AND 素子）において，**図 2** に示すタイミングのパルス入力 A 及び B が与えられたとき，出力 Y のタイミングチャートとして，正しいものを一つ選べ。

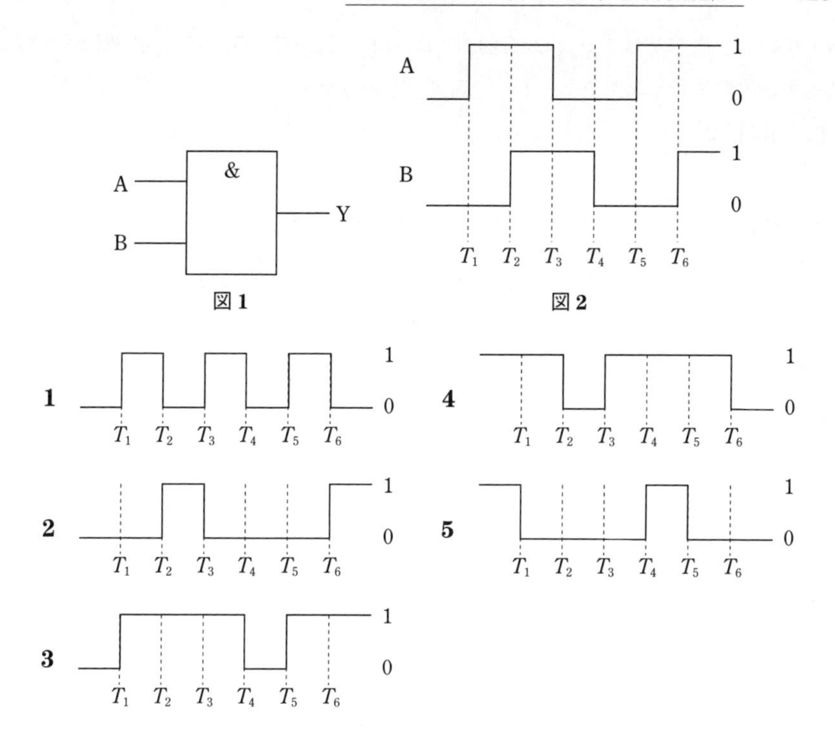

図1　図2

【題意】 パルスを計数する計量器の知識を問うものである。

【解説】 論理積演算素子（AND素子）は，**表**に示したように入力のすべてが“1”であるときだけ出力が“1”になり，一つでも“0”があると出力は“0”になる回路である。

表　論理積演算子（AND素子）の入力と出力

入力A	入力B	出力Y
0	0	0
1	0	0
0	1	0
1	1	1

問題の図2より，T_1以前では入力Aが0，入力Bが0なので，出力Yは0，T_1～T_2では入力Aが1，入力Bが0なので，出力Yは0，T_2～T_3では入力Aが1，入力B

が1なので，出力Yは1となる。同様にT_3～T_4，T_4～T_5，T_5～T_6，T_6以降まで繰り返すと出力タイミングチャートして適当なものは**2**となる。

【正解】 **2**

問 14

図に示された回路で電圧と電流の測定を行ったところ，電流計の指示値は1 mAであった。このときの電圧計の指示値として正しいものを，次の中から一つ選べ。ただし，電圧計と電流計の内部抵抗はそれぞれ10 kΩ及び50 Ωとする。

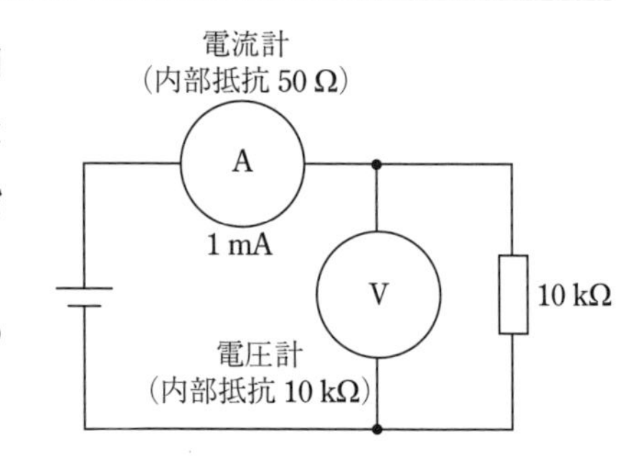

1　50 V

2　20 V

3　10 V

4　5 V

5　1 V

【題意】 オームの法則の特性について知識を問うものである。

【解説】 電圧をV，電流をIとする。

また，電圧計に流れる電流をI_1，抵抗をR_V，10 kΩの抵抗に流れる電流をI_2，抵抗をR_Xとすると

$$V = I_1 R_V$$

$$V = I_2 R_X$$

となる。$I = I_1 + I_2$なので

$$I = \left(\frac{V}{R_V} + \frac{V}{R_X}\right) = \left(\frac{1}{R_V} + \frac{1}{R_X}\right) \times V$$

したがって

$$V = \frac{I}{\left(\frac{1}{R_V} + \frac{1}{R_X}\right)}$$

値を代入すると，電圧の指示値は

$$V = \frac{R_V R_X}{R_X + R_V} \times I = \frac{10 \times 10}{20} \times 10^3 \times 0.001\,\mathrm{V}$$

$$= 5\,\mathrm{V}$$

となる。

【正解】 **4**

【問】15

線量計により計測される放射線に関する次の説明の中から，誤っているものを一つ選べ。

1　放射線の透過力は，α 線，β 線，γ 線の順に弱くなる。

2　α 線は，高速で飛行するヘリウムの原子核である。

3　β 線は，高速で飛行する電子である。

4　γ 線，X線は，電磁波である。

5　中性子線は，核分裂などによって発生する中性子の粒子線である。

【題意】 放射線計測に関して基礎的な知識を問うものである。

【解説】 **2** の α（アルファ）線は，原子核から放出される粒子（陽子2個・中性子2個からなるヘリウム原子核）のことである。

3 の β（ベータ）線は，放射線の一種で原子核から放出される高速の電子である。

4 の γ（ガンマ）線は，電磁波と同じもので，励起エネルギー状態にある原子核がより低い状態または基底状態に移るとき，または粒子が消滅するときに生じる電磁波である。

同様にX線は原子から発生する電磁波である。

5 の中性子線は，核分裂などで発生する中性子線の流れをいう。

したがって，**2**～**5** の説明は正しい。**1** の説明は逆であり，誤り。放射線の透過率は，α 線，β 線，γ 線の順に強くなる。

正 解　1

問 16

図は，台はかりの原理図である。試料は100 gの分銅と釣り合っている。このときの試料の質量はいくらか，次の中から最も近い値を選べ。

1　5 000 g

2　2 500 g

3　1 250 g

4　500 g

5　250 g

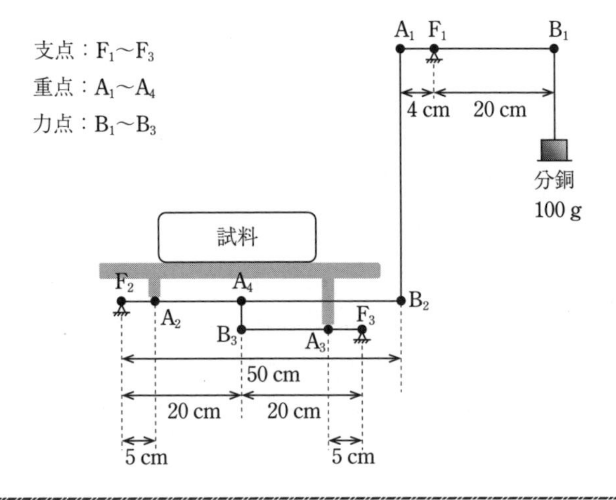

題 意　直列連結てこの“てこ比”についての知識を問うものである。

解 説　直列連結は，異名の点どうしを接続する。逆に並列連結は，同名の点どうしを接続する。ここでは直列連結である。支点Fと重点Aとの距離a，支点Fと力点Bとの距離をbとすると，てこ比はb/aで表される。

まず，計量棹のてこ比は，支点F_1と重点A_1との距離a_1，支点F_1と力点B_1との距離b_1から求めるとb_1/a_1である。

長機のてこ比は，支点F_2と重点A_4との距離a_2，支点F_2と力点B_2との距離b_2から求めると，b_2/a_2 となる。

また，短機のてこ比は，支点 F_3 と重点 A_3 との距離 a_3，支点 F_3 と力点 B_3 との距離 b_3 から求めると，b_3/a_3 となる。

三つのてこの直列連結であるのでてこ比は，それぞれを掛け合わせて

$$\frac{b_1}{a_1}\times\frac{b_2}{a_2}\times\frac{b_3}{a_3}$$

となる。ここで，M を試料の質量，P を分銅の質量とすると

$$M=\left\{\frac{b_1}{a_1}\times\frac{b_2}{a_2}\times\frac{b_3}{a_3}\right\}\times P$$

となるから，数値を代入すると，試料の質量は

$$M=100\times\frac{20}{4}\times\frac{50}{20}\times\frac{20}{5}\text{〔g〕}$$

$$=50\times 100\text{〔g〕}=5\,000\text{〔g〕}$$

正解　1

問 17

計量法に規定する特定計量器であって，精度等級３級，ひょう量 6 kg，目量 1 g の非自動はかりについて，使用中検査を行った。2 kg 分銅を試験荷重とした場合の器差を算出すべく，分銅を荷重受け部に載せたとき，2 002 g を表示した。続いて，追加荷重として 100 mg 分銅を順次，荷重受け部に載せ，追加荷重が 600 mg となったとき表示が 2 003 g に変化した。このときの器差はいくらか，次の中から一つ選べ。

ただし，分銅の器差はゼロ，はかりの表示はデジタルとし，測定条件は終始一定である。

1　＋1.4 g

2　＋1.9 g

3　＋2.1 g

4　＋2.4 g

5　＋2.6 g

題意　非自動はかりの器差に関する問題である。

解説　ひょう量 6 kg，目量 1 g のはかりに試験荷重 2 000 g を負荷したときの計量値は 2 002 g で，指示が安定した後微少分銅を負荷して，1 目量分変化するまで負荷した質量は 0.6 g であった。

このときの器差 E を算出する。

目量 $e=1\,\mathrm{g}$　　$L=2\,000\,\mathrm{g}$　　$I=2\,002\,\mathrm{g}$　　$\Delta L=0.6\,\mathrm{g}$

が与えられる。

$$\begin{aligned}E&=I+0.5e-\Delta L-L\\&=2\,002+(0.5\times1)-0.6-2\,000\\&=+1.9\,[\mathrm{g}]\end{aligned}$$

したがって，器差 E は $+1.9\,\mathrm{g}$ となる。

式に当てはめればよいが，式を忘れたときは，下記のような**図**を描いてみるとよい。図を描いてみれば，図からも器差が判別できる。

2 002 g から 2 003 g になるということは，2 002.5 g に到達したということであるので，そこから 0.6 g を引けば，2 001.9 g となり，器差が +1.9 g になることがわかる。

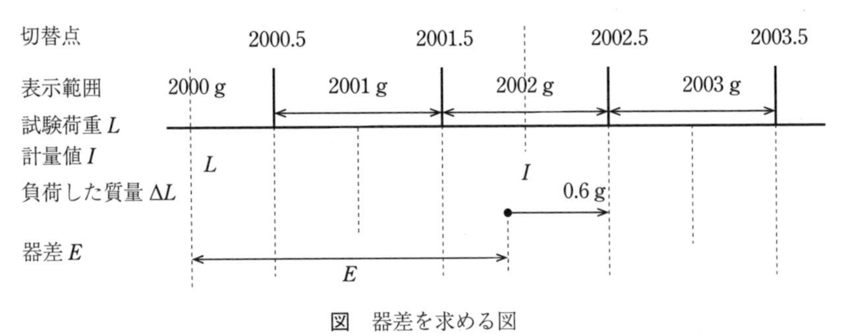

図　器差を求める図

正解　**2**

問 18

計量法に規定する特定計量器である自動車等給油メーターの器差検定を比較法で行ったとき，自動車等給油メーターの表示値は 10.05 L，液体メーター用基準タンクの読みは 10.05 L であった。このときの器差はいくらか，次の中から一つ選べ。

なお，基準タンクの器差は ＋0.05 L で，自動車等給油メーターは温度換算装置を有していない。

1　＋1.0%

2　＋0.5%

3　　0.0%

4　−0.5%

5　−1.0%

【題 意】 自動車給油メーターの比較法における器差検定を問うものである。

【解 説】 燃料油を基準タンクで受け，メーターの指示値と基準タンクの指示値とを比較算出する方法である。

受検器の計量値（I）　$I = 10.05\,L$

基準タンクの表す値（I'）　$I' = 10.05\,L$

基準タンクの器差（e）　$e = +0.05\,L$

真実の値（Q）　$Q = I' - e$

$= 10.05 - 0.05$

$= 10.00\,L$

器差率（E）　$E = \left\{\dfrac{(I - Q)}{Q}\right\} \times 100$

$$E = \left\{\frac{(10.05 - 10.00)}{10.00}\right\} \times 100$$

$= 0.05 \times 100 = 0.5$〔%〕

【正 解】 **2**

問 19

次の質量計のうち，計量法に規定する特定計量器でないものはどれか，次の中から一つ選べ。

1　定量増おもり

2　ひょう量が 3 kg，目量が 1 g の非自動はかり

3 自動はかり

4 定量おもり

5 表す質量が 1 mg の分銅

【題 意】 特定計量器に関して知識を問うものである。

【解 説】 計量法施行令第 2 条の 2 で，特定計量器の範囲（質量計）について，下記のように定められている。

（イ）非自動はかりのうち次に掲げるもの

(1) 目量（隣接する目盛標識のそれぞれが表す物象の状態の量の差をいう）が 10 mg 以上であって，目盛認識の数が 100 以上のもの（(2) または (3) に掲げるものを除く。）

(2) 手動天びん及び等比皿手動はかりのうち，表記された感量（質量計が反応することができる質量の最小の変化をいう）が 10 mg 以上のもの

(3) 自重計（貨物自動車に取り付けて積載物の質量の計量に使用する質量計をいう）

（ロ）自動はかり

（ハ）表す質量が 10 mg 以上の分銅

（ニ）定量おもり及び定量増おもり

したがって，**5** の表す質量が 1 mg の分銅は，計量法に規定する特定計量器ではない。**5** は誤り。**3** の自動はかりは，平成 29 年 10 月に計量制度の見直しにより，特定計量器に追加された。

【正 解】 **5**

問 20

分銅の校正証明書に，「協定質量」が m_c との記載があった。この分銅の「真の質量」M と m_c との関係を表す数式はどれか。次の中から，正しいものを一つ選べ。

ここで，「JIS B 7609 分銅」の規定により協定質量は，「20℃ の温度で 1.2 kg / m^3 の密度の空気中において被校正分銅と釣合う密度が 8 000 kg / m^3 の参照分銅の質量」の定義を引用し，分銅の密度を ρ (kg / m^3) とする。

1　$m_c\left(1-\frac{1.2}{\rho}\right)=M\left(1-\frac{1.2}{8\,000}\right)$

2　$m_c\left(1-\frac{1.2}{8\,000}\right)=M\left(1-\frac{1.2}{\rho}\right)$

3　$m_c\left(1-\frac{1.2}{\rho}\right)=M\left(1-\frac{8\,000}{\rho}\right)$

4　$m_c\left(1-\frac{8\,000}{\rho}\right)=M\left(1-\frac{1.2}{\rho}\right)$

5　$m_c\left(1-\frac{\rho}{8\,000}\right)=M\left(1-\frac{1.2}{8\,000}\right)$

【題 意】　高精度の質量測定には浮力の補正が必要である。これらの知識について問う。

【解 説】　空気中にある物体は大気中の浮力の影響を受けて実際よりも軽く表示する。同じ質量でも密度が違うので天びんに載せたときに密度が小さいほうが軽く計量される。

空気の浮力補正について

ここで，m_c：基準分銅の質量，M：分銅の真の質量，ρ_c：基準分銅の密度，ρ：分銅の密度，ρ_a：空気の密度，基準分銅の体積は m_c/ρ_c，受ける空気の浮力は $m_c\rho_a/\rho_c$，分銅の体積は M/ρ，受ける空気の浮力は $M\rho_a/\rho$ とすると，基準分銅の空気中の質量は

$$m_c g-\frac{m_c g}{\rho_c}\rho_a$$

分銅の空気中の質量は

$$Mg-\frac{Mg}{\rho}\rho_a$$

と表される。天びんは，両者が等しいときにつり合うから

$$m_c g-\frac{m_c g}{\rho_c}\rho_a=Mg-\frac{Mg}{\rho}\rho_a$$

となる。ここで，g を消去してまとめる。

ρ_a：1.2 kg/m³，ρ_c：8 000 kg/m³

$$m_c\left(1-\frac{1.2}{8\,000}\right)=M\left(1-\frac{1.2}{\rho}\right)$$

したがって，正解は **2** となる。

【正 解】　**2**

問 21

「JIS B 7609 分銅」に規定された分銅の協定質量と最大許容誤差および拡張不確かさに関する次の数式の中から，正しいものを一つ選べ。

ここで，m_0 は分銅の公称質量，δm は最大許容誤差，U は包含係数 $k=2$ の拡張不確かさ，m_c は分銅の協定質量である。

1　$m_0-(\delta m-3U) \leqq m_c \leqq m_0+(\delta m-3U)$

2　$m_0-(\delta m-2U) \leqq m_c \leqq m_0+(\delta m-2U)$

3　$m_0-(\delta m-U) \leqq m_c \leqq m_0+(\delta m-U)$

4　$m_0-(\delta m-1/2U) \leqq m_c \leqq m_0+(\delta m-1/2U)$

5　$m_0-(\delta m-1/3U) \leqq m_c \leqq m_0+(\delta m-1/3U)$

題 意　「JIS B 7609 分銅」に規定されている分銅の協定質量と最大許容誤差および拡張不確かさの関係の知識を問うものである。

解 説　「JIS B 7609：2008 分銅」からの出題である。

分銅の協定質量は，公称値に対する隔たりが最大許容誤差と拡張不確かさとの差より大きくなく，次式で表される範囲内になければならない。

$$m_0-(\delta m-U) \leqq m_c \leqq m_0+(\delta m-U)$$

正 解　**3**

問 22

計量法に規定する特定計量器であって，ひょう量 6 kg，目量 2 g，精度等級 3 級の非自動はかりの使用公差を示すものはどれか。次の中から正しいものを一つ選べ。

1

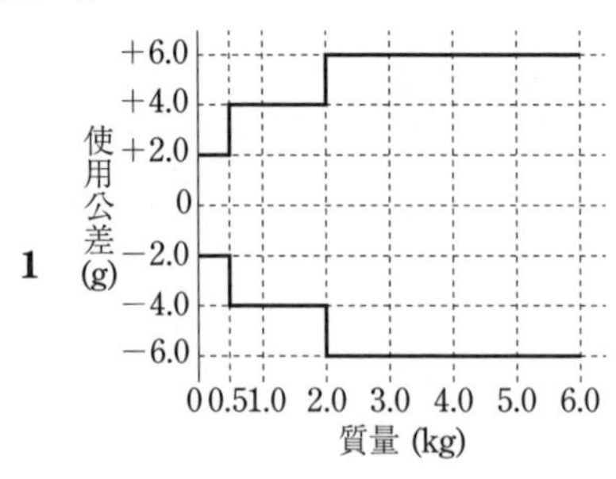

2

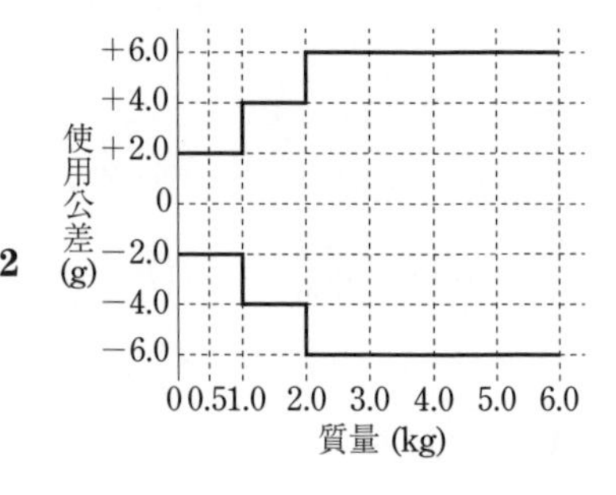

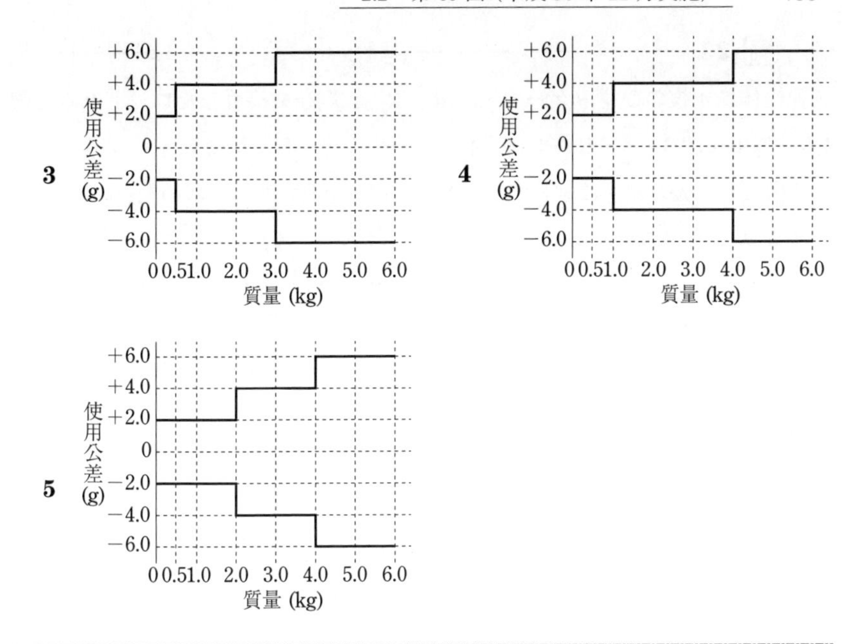

【題 意】　精度等級が3級，ひょう量が3 kgの非自動はかりの使用公差に関する知識を問うものである。

【解 説】　単目量はかりの使用公差を精度等級が3級，ひょう量が6 kg，目量2 gである。このとき検定公差は

2 g × 500 = 1 000 g まで0.5目量なので ±1g となる。

2 g × 2 000 = 4 000 g まで1目量なので ±2g となる。

2 g × 3 000 = 6 000 g まで1.5目量なので ±3g となる。

ここで，使用公差は検定公差の2倍であるため

1 kgまでは ±2 g

1 kgを超え4 kgまでは ±4 g

4 kgを超え6 kgまでは ±6 g

これを図で表すと**4**のようになる。

【正 解】　**4**

問 23

弾性体に4枚のひずみゲージR_1，R_2，R_3及びR_4を接着したロードセルを**図1**に示す。このロードセルでは，4枚のひずみゲージで**図2**に示すブリッジ回路を構成し，入力電圧に対して最大の出力電圧を測定する。次の記述の（ア）～（オ）に入る語句の組合せとして，正しいものを一つ選べ。

> 弾性体に**図1**のように荷重を加えると，ひずみゲージR_1と（　ア　）は（　イ　）力を受け，R_2と（　ウ　）は（　エ　）力を受ける。**図2**のブリッジ回路においてAにひずみゲージR_1を配置するとき，Dに（　オ　）を配置する

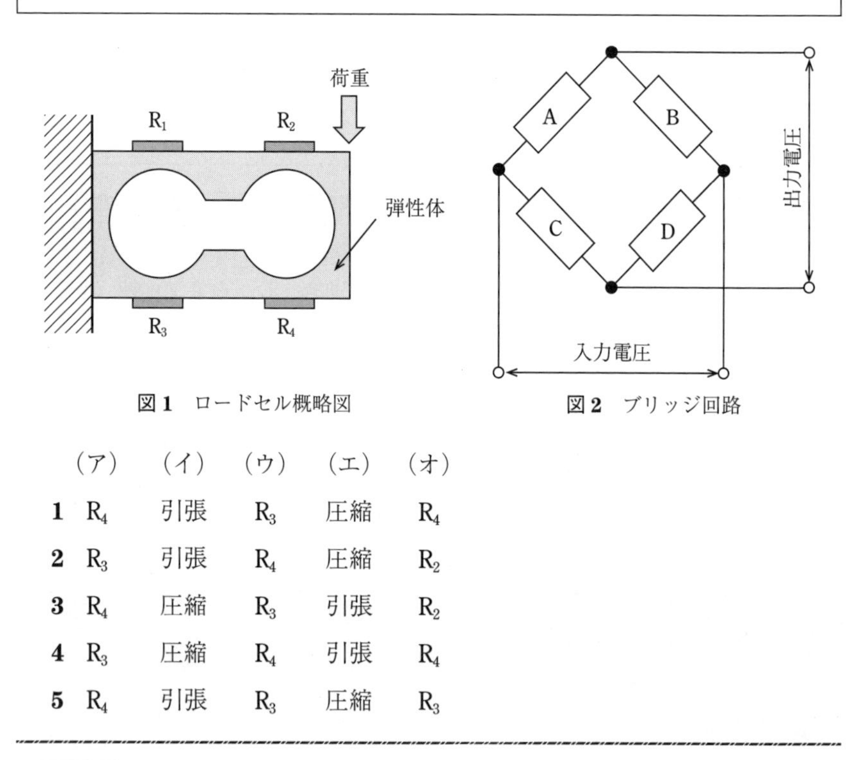

図1　ロードセル概略図　　**図2**　ブリッジ回路

	（ア）	（イ）	（ウ）	（エ）	（オ）
1	R_4	引張	R_3	圧縮	R_4
2	R_3	引張	R_4	圧縮	R_2
3	R_4	圧縮	R_3	引張	R_2
4	R_3	圧縮	R_4	引張	R_4
5	R_4	引張	R_3	圧縮	R_3

題 意　ひずみゲージを利用したロードセルの検出方法に関する知識を問うものである。

解説　ロードセルとして用いるひずみ検出回路は，大きな出力を得る。温度補償をさせる理由から，一般的に4アクティブゲージ法が使われる。

弾性体に接着されたひずみゲージは，ホイートストンブリッジを組むが，このとき一つの対辺に圧縮ひずみを検出するひずみゲージを，他の対辺に引張ひずみを検出するひずみゲージをそれぞれ挿入しなければならない。問題の中で荷重が作用したとき，平行ビーム弾性体に接着されたひずみゲージのうち R_2，R_3（ウ）は圧縮（エ）ひずみ，R_1，R_4（ア）は引張（イ）ひずみを検出するひずみゲージである。

ブリッジ回路においては対辺に同じひずみを検出するゲージを張ることとする。図2のブリッジ回路においてAにひずみゲージ R_1 を配置するとき，Dに R_4（オ）を配置する。

正解　**1**

問 24

電子式はかりを用い，ある試料の質量を空気中で分銅との比較によって測定した。このときの試料の真の質量はいくらか。次の中から一つ選べ。

ここで，分銅の真の質量は500.000 g，分銅の体積は62.5 cm^3，分銅を電子式はかりに載せたときの表示は500.000 gとする。そして，試料の体積は72.5 cm^3，試料を電子式はかりに載せたときの表示は500.000 g，空気の密度は0.0012 g/cm^{3}とする。

1　500.120 g

2　500.012 g

3　500.000 g

4　499.988 g

5　499.880 g

題意　浮力の補正に関する問題である。

解説　質量が同じであるが，それぞれに浮力が働いているために真の質量はそれぞれ違ってくる。浮力は，それぞれの体積に空気の密度を乗じたものである。

題意より，M_{A}：分銅の真の質量，M_{B}：試料の真の質量，V_{A}：分銅の体積，V_{B}：試

料の体積，ρ：比較時の空気密度とすると，下記の式が成り立つ。

$$M_A - V_A \times \rho = M_B - V_B \times \rho$$

ここで，試料の真の質量 M_B を求めると

$$M_B = M_A - \rho(V_A - V_B)$$
$$= 500.000 - 0.001\,2 \times (62.5 - 72.5)\ [\mathrm{kg}]$$
$$= 500.000 + 0.001\,2 \times 10\ [\mathrm{kg}] = 500.012\ [\mathrm{kg}]$$

となる。

【正解】 **2**

問 25

「JIS B 7611-2：2015 非自動はかり － 性能要件及び試験方法 － 第 2 部：取引又は証明用」の附属書 JA.2.1.1 の「個々に定める性能」として該当しない性能はどれか，次の中から一つ選べ。

1　感じ
2　風袋引き装置の精度
3　偏置荷重
4　耐久性
5　繰返し性

【題意】「JIS B 7611-2」附属書 JA.2.1.1「個々に定める性能」についての知識を問うものである。

【解説】 JIS 規格には，感じ，繰返し性，偏置荷重，正味量，風袋計量装置，半自動零点設定装置および非自動零点設置装置の精度及び風袋引き装置の精度に適合していなければならないと記載されている。

非自動はかりの検定を行う上で問題なのは，感じ，繰返し性，偏置荷重，正味量，風袋などの項目であり，**4** の耐久性に関しては，「使用期間中に性能特性を維持する，はかりの能力」であり，検定時には必要がない。

したがって正解は 4 である。

【正解】 **4**

2.3　第70回（令和元年12月実施）

問 1

A～Dは計測器に使われる国際単位系（SI）の単位記号を表記したものである。次の**1**～**5**の中から，表記の正誤の組合せが正しいものを一つ選べ。なお，正は○，誤は × で表してある。

A　W·s

B　μkg

C　Cd/m^2

D　mol/m^3

	A	B	C	D
1	×	×	○	○
2	○	×	○	○
3	×	○	×	×
4	○	○	×	×
5	○	×	×	○

題意　「単位の表記の組み合わせ」の知識を問うものである。

解説　AのW·sは正しい。W·s（ワット秒）は，ジュールと等価である。

Bは表記するならμkgではなくμgであるので間違いである。

CのCd/m^2は，輝度である。ここでは“Cd”ではなく“cd”が正しい。

Dのmol/m^3は，モル濃度であり，表記は正しい。

したがって，Aは○，Bは×，Cは×，Dは○である。

正解　**5**

問 2

種類の異なる二つの計量器の測定値を乗算して最終結果を求める場合，それぞれの計量器の測定値の標準不確かさa，bから合成標準不確かさを求める式を，次の中から一つ選べ。ここで「不確かさ」は全て相対不確かさを意味し，二つの計量器の測定値の間に相関関係はないものとする。

1　ab

2　$a+b$

3　$\frac{a+b}{2}$

4　$\sqrt{a^2+b^2}$

5　$\frac{\sqrt{a^2+b^2}}{2}$

【題意】合成標準不確かさの結果を考察する問題である。

【解説】それぞれの計量器の測定値の標準不確かさを a, b とする。合成標準不確かさは，次式で表される。

$$\sqrt{a^2+b^2}$$

【正解】**4**

問 3

真直度の測定には用いられない計測器を，次の中から一つ選べ。

1　水準器

2　オートコリメータ

3　三次元測定機

4　角度干渉計

5　多面鏡

【題意】「真直度の測定」について問うものである。

【解説】真直度とは，「JIS B 0621 幾何偏差の定義及び表示」では直線形体の幾何学的に正しい直線からの狂いの大きさとある。

1 の水準器は，水平または鉛直からの微小な傾斜の測定に用いられ，真直度の測定に使用できる。

2 のオートコリメータは，対象物の微小な角度差や振れなどを測定でき，真直度の測定に使用できる。

3 の三次元測定機は簡単に真直度の測定ができる。

4 の角度干渉計は微小角度を計測できるので真直度の測定も可能である。

5 の多面鏡は，ポリゴン鏡ともいい，角度の標準器に用いられるが，真直度の測定には適さない。

【正 解】 **5**

問 4

非接触で測定を行う計測器に関する次の記述の中から，誤っているものを一つ選べ。

1　照度計は適切なレンズなどの光学系を備え，標準分光視感効率（標準比視感度）に比例した分光感度を有している。

2　電離反応を利用した線量計には，比例計数管，電離箱，ガイガー・ミュラー計数管がある。

3　放射温度計は，物体から放射される赤外線や可視光線の波長を測定して，物体の温度を測定する温度計である。

4　ドップラー効果を利用したレーザ振動計は，微小な物体，高温の物体や液面の振動を計測できる。

5　レーザパワーの熱的測定は，レーザ光を吸収体に吸収させその温度上昇を利用する方法である。

【題 意】「非接触で測定する計量器」について問うものである。

【解 説】 **1** の照度計は，測定対象面の単位面積に入射する光束を測定する計量器である。受光素子に光電池や光電管などを用いる場合には，相対分光感度を視感度に一致させることが理想であり，標準分光視感効率に比例した分光感度を有している。**1** は正しい。

2 の線量計には，比例計数管，電離箱，ガイガー・ミュラー計数管などがある。**2** は正しい。

4 のレーザ振動計は，ドップラー効果を利用しており，非接触で測定ができる。非接触のため微小な物体，高温の物体や液面の振動を計測できる。**4** は正しい。

5 のレーザーパワーの熱的測定の説明も正しい。

3 の放射温度計は，非接触で物体から放射される赤外線の波長を測定しているが，可視光線の波長は測定していない。したがって，**3** は誤りである。

【正解】 **3**

問 5

変位センサの測定方式と特徴を述べた次の記述の中から，誤っているものを一つ選べ。

1　差動変圧器を用いた接触式センサは，透明な固体の変位が測定できる。

2　渦電流式センサは，金属物体の変位が測定できる。

3　超音波式センサは，ガラス窓越しでも測定できる。

4　静電容量式センサは，測定面の加工状態による影響を受けない。

5　三角測距式センサは，耐環境性が低い。

【題意】 変位センサの測定方式と特徴を問うものである。

【解説】 **1** の差動変圧器を用いた接触式センサは，変位だけでなく透明な固体の寸法測定も可能である。**1** は正しい。

2 の渦電流式センサは，磁界内に金属のような測定対象物があると渦電流が流れ，そこから変位を測定できる。**2** は正しい。

4 の静電容量式センサは，金属のほか，樹脂や液体も測定ができるので測定面の加工状態の影響を受けない。**4** は正しい。

5 の三角測距式センサは，三角測量法を使用して，変位や距離を求めるものであり，測定面の状態に影響を受けるので耐環境性が低い。**5** は正しい。

3 の超音波センサは，超音波を発し，対象物に反射して帰ってくるまでの時間を計測し，距離などを測定する方法である。ガラスなどの障害物があると発した超音波がガラスで反射するためガラス窓越しの測定には不向きである。**3** は誤り。

【正解】 **3**

問 6

A～Eは光の特徴を利用した計測技術に関する記述である。正誤の組合せが正しいものを**1**～**5**の中から一つ選べ。なお，正は○，誤は×で表してある。

A　レーザ光は直進性が良いので，測量機器などの直線基準として用いることができる。

B　レーザ光は単色性が良いので，レーザ波長を基準として長さを測定することができる。

C　光速度が不変なので，光波測距儀は屋外でも真空中と同じ精度で測定できる。

D　レーザ光は可干渉性が良いので，単一波長レーザを光源とする干渉計でどんな複雑形状でも測定することができる。

E　非接触測定ができるので，パターン投影法などで柔らかい物体の形状計測ができる。

	A	B	C	D	E
1	○	○	×	×	○
2	○	×	○	×	○
3	×	×	○	○	×
4	○	×	×	○	○
5	×	○	○	×	×

題 意　変位センサの測定方式と特徴を問うものである。

解 説　レーザ光は直進性，指向性および単色性に優れている。レーザ干渉測長機などレーザ波長を基準に長さを測定できる。非接触で測定でき，柔らかい物体の形状も計測が可能である。

光波測距儀は，光（可視光）で測定するので天候の影響を受けやすい。光速度も不変ではないため屋外では真空中と同じ精度では測定できない。

レーザ光の特徴として（可干渉性）コヒーレンスがある。単一波長レーザを光源とし，集中性が良いが複雑な形状の測定には不向きである。

A, Bは○, C, Dは ×, Eは○である。

正 解　1

問 7

計量器の設計や取扱いにおいて，構成部品に用いられる材料の熱膨張係数の大きさは考慮すべき重要な要素となる場合がある。ステンレス鋼，溶融石英，フッ素樹脂の20℃における熱膨張係数の大小関係を表した次の不等式の中から，正しいものを一つ選べ。

1　ステンレス鋼 < フッ素樹脂 < 溶融石英

2　溶融石英 < ステンレス鋼 < フッ素樹脂

3　溶融石英 < フッ素樹脂 < ステンレス鋼

4　フッ素樹脂 < 溶融石英 < ステンレス鋼

5　フッ素樹脂 < ステンレス鋼 < 溶融石英

題 意　熱膨張係数の大小関係を問う問題である。

解 説　石英は熱膨張係数の小さい材料としてさまざまな分野で使用されている。その熱膨張係数は，0.4×10^{-6} ℃$^{-1}$ 程度である。

ステンレス鋼は 10×10^{-6} ℃$^{-1}$ 程度である。

テフロンやフッ素樹脂は $10^{-3}\sim10^{-4}$ ℃$^{-1}$ オーダーの熱膨張係数で上記の二つと比べると2桁程度の差がある。

小さい順に並べると，溶融石英 < ステンレス鋼 < フッ素樹脂となる。

正 解　2

問 8

液体の密度，比重，または濃度に関する測定に使用される浮ひょうと呼ばれる計量器がある。濃度の目盛りが付されているものはどれか，次の中から一つ選べ。

1　密度浮ひょう

2　比重浮ひょう

3　重ボーメ度浮ひょう

4　酒精度浮ひょう

5　日本酒度浮ひょう

〔題意〕　各種浮ひょうの目盛についての知識を問うものである。

〔解説〕　浮ひょうは，液体の密度，比重，濃度の測定に使用される。

1 は密度を，**2** は比重を測定するため，文字どおりの目盛が付されている。

3 と **5** には比重と関連付けられた重ボーメ度，日本酒度の目盛が付されている。

4 の酒精度はエチルアルコールと水の混合液中におけるエチルアルコールの体積百分率で定義された濃度である。酒精度浮ひょうには濃度の目盛が付されている。

〔正解〕　**4**

問 9

図のように圧力計を接続し，圧力計Aを標準として圧力計Bを比較校正する。圧力計A及びBのセンサ部は，それぞれ，床から20 cm，15 cmの高度になるように設置されており，圧力計のセンサ間の配管はすべて水で満たされている。このとき圧力計AとBがともに100.00 kPaを示していたとすると，圧力計Bの器差はいくつか，次の中から一つ選べ。

ただし，水の密度は1 000 kg/m^3，重力加速度は10 m/s^{2}とする。また，圧力計Aの器差は0とする。

1　−0.50 kPa

2　−0.10 kPa

3　+0.10 kPa

4　+0.50 kPa

5　+1.00 kPa

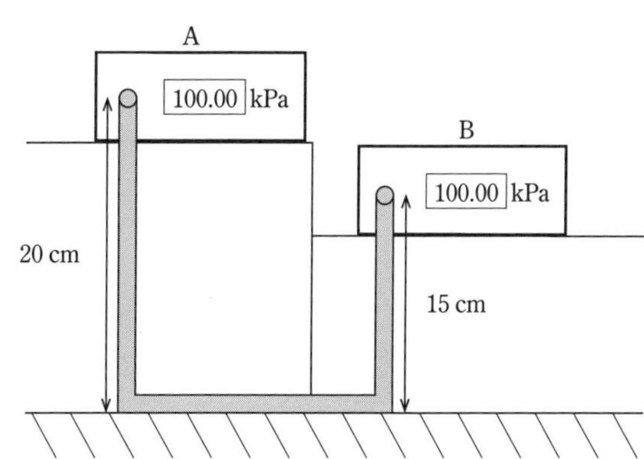

〔題 意〕 U字管圧力計の測定原理を問うものである。

〔解 説〕 図のように，U字管の左右に作用する圧力を P_1，P_2 としたとき $P_1 > P_2$ のときは，P_1 の作用する液面は P_2 の作用する液面より低くなる。その液面の高さを h とすると，$P_1 - P_2 = \rho g h$ となる。ここで，ρ は液体の密度，g は重力加速度である。

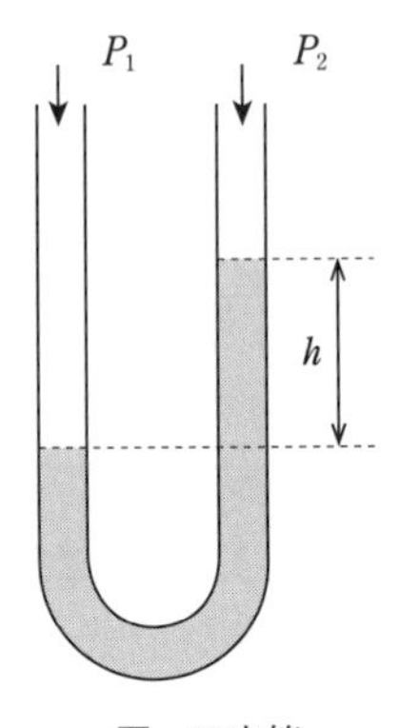

図　U字管

問題ではBのほうが低い位置にあるのでAに比べてBの方の圧力が高くなるはずである。しかし，圧力計の指示はともに 100.00 kPa となっている。

圧力計Aの圧力を P_A，圧力計Bの圧力を P_B，ρ は液体の密度，g は重力加速度，液面の違いの高さを h とすると

$$P_B - P_A = \rho g h = 1\,000 \times 10 \times (0.2 - 0.15)$$
$$= 500 \,[\mathrm{kg/(m \cdot s^2)}] = 0.5 \,[\mathrm{kPa}]$$

となる。圧力計Bは圧力計Aに比べ 0.5 kPa 高くなければならない。しかし，表示は同じ圧力なので圧力計Bの器差が －0.5 kPa であることがわかる。

したがって，B点における圧力計の器差は，－0.5 kPa である。

〔正 解〕 **1**

問 10

熱電対に関する次の記述の中から，誤っているものを一つ選べ。

1　熱起電力とは，熱電対を構成する一対の導体が温度勾配のある環境に置かれたとき，導体内に発生する起電力の差である。

2　熱電対を構成する一対の導体の材質がそれぞれ均質で，かつそれらの組合せが同じであれば，熱起電力の大きさは導体の長さや太さには無関係である。

3　補償導線を使用する際は，必ず補償式基準接点を用いて測定を行う。

4　シース熱電対には，測温接点が金属シースと電気的に接続されたものと絶縁されたものがある。

5　絶縁管は，熱電対を侵さない材質のもので，使用温度に対し十分な耐熱

性をもつものでなければならない。

題 意　熱電対についての知識を問うものである。

解 説　**1** の熱起電力とは，種類の異なる2本の均質な導体の両端を電気的に接続し，閉回路を作り，この両端に温度差を与えると回路中に電流が流れる。この現象は一般にゼーベック効果と呼ばれている。この回路に電流を起こさせる電力を熱起電力という。**1** は正しい。

2 の熱起電力の大きさは，導体の材質と両端の接合点の温度のみによって定まることが確認されている。したがって，導体の太さや長さ，両端部分以外の温度には無関係である。**2** は正しい。

4 のシース熱電対とは，保護管と素線を一体化したもので，正確には無機絶縁金属シース熱電対である。シース部分の断面は，素線，絶縁材および保護管を一体化した構造である。**4** は正しい。

5 の絶縁管は，十脚素線と一脚素線とを溶接して，測温接点を形成したものであるが，絶縁性をもたせるため被覆を施すか，セラミック製絶縁管を通して使用する。保護管材質には，ステンレス，インコネル（耐食性，耐熱性にすぐれた材料）などを使用する。**5** は正しい。

3 の補償導線とは，常温付近の温度において組み合わせて使用する熱電対とほぼ同一の熱電特性を持つもので，熱電対の端子と基準接点との間で，一定の温度範囲において使用する熱電対と同じかきわめて類似した熱起電力特性を持つ導線を使用するが，必ずしも補償式基準接点を使用しなくてもよい。**3** は誤り。

正 解　**3**

問 11

温度測定に関する次の記述の中から，誤っているものを一つ選べ。

1　定積気体温度計は，理想気体の状態方程式を利用して，熱力学温度を直接測定できる一次温度計として使用できる。

2　白金抵抗温度計は，サーミスタ測温体に比べて電気抵抗値が高く，リード線の抵抗を気にせずに使用できる。

3 放射温度計は，被測定物から離れて温度の測定ができるため，薄いシートのような熱容量の小さい物体でも温度変化を起こさずに使用できる。

4 バイメタル温度計は，熱膨張率の異なる 2 種類の金属片をはり合わせたものを使用しており，温度変化を機械的変位に直接変換できる。

5 充満式温度計は，感温部，導管，及びブルドン管などの受圧変換部より構成されており，電気を用いない構造である。

【題 意】 温度測定に関する問題である。

【解 説】 **1** の定積気体温度計は，一次温度計で一定体積に保たれた気体の圧力と熱力学温度との関係を求めるものである。**1** は正しい。

3 の放射温度計は，被測定物から離れたところの温度を測定できる。薄いシートなどの熱容量の小さな物体でも測定が可能である。**3** は正しい。

4 のバイメタル式温度計は圧接された二つの金属板が熱膨張差によって湾曲変化することを計測の原理として使う温度計である。感温筒と指示部は直結されバイメタルコイルの温度変化による回転をシャフト伝達で指針の回転に伝える。温度変化を機械的変化に直接変換できるものである。**4** は正しい。

5 の充満式温度計は，温度に反応する液体の体積変化，気体の圧力変化または揮発性液体の蒸気圧変化を計測の原理として使う温度計である。感温筒，導管及び受圧変換器（ブルドン管，ベローズなど）からなり構成材料はすべて金属製で構成されており，電気を用いない構造である。**5** は正しい。

2 の白金測温抵抗体は，サーミスタ測温体に比べて電気抵抗値が低い。**2** は誤り。

【正 解】 **2**

問 12

一次遅れ形計量器にステップ入力を与えたときの指示値の変化からこの計量器の時定数が 0.1 s と推定された。その根拠となる実際に起こった現象を，次の記述の中から一つ選べ。

1 指示値が最終値に達するのに 0.1 s 掛かった。

2 指示値が最終値の約 63％に達するのに 0.063 s 掛かった。

3　指示値が最終値の約 63% に達するのに 0.1 s 掛かった。

4　指示値が最終値の約 50% に達するのに 0.05 s 掛かった。

5　指示値が最終値の約 50% に達するのに 0.1 s 掛かった。

【題 意】　時定数 0.1 s の一次遅れ系計量器にステップ入力を与えた場合の出力に関する問題である。

【解 説】　入力信号 x（時間の関数）に対する計量器の指示 y（出力信号）がつぎの関係式で表されているとき，一次遅れ系応答という。

$$\tau\frac{dy}{dt}+y=x$$

ここで，τ：時定数　t：時間である。

この計量器にステップ状の入力信号 x が加わった場合の応答は次式で与えられる。

$$y=x\left(1-e^{-\frac{t}{\tau}}\right)=x\left(1-\exp\left(-\frac{t}{\tau}\right)\right)$$

ここで変換器の入力に階段状の変化を与え，それに対する出力の変化時間を測定する方法がステップ応答である。ステップ応答における出力の変化は，初めは急激に立ち上がり，時間とともに変化が遅くなる指数関数特性になる。

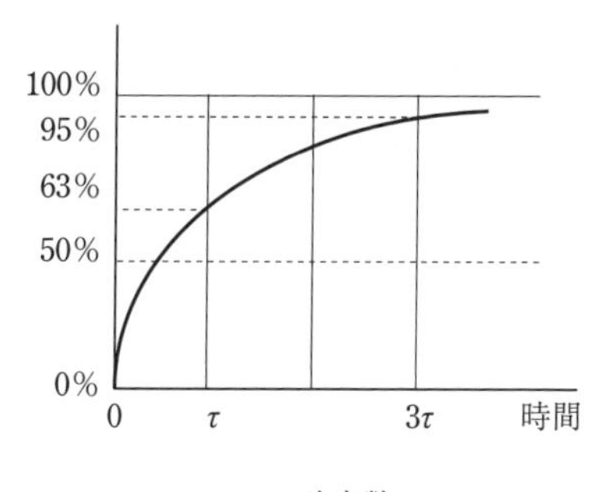

τ：時定数

最終状態の指示の 63% に達するまでの時間 T を τ（タウ：時定数）という。時定数 τ の値が大きくなるほどステップ応答波形の立ち上がりが遅くなり，最終値に到達するまでの時間が長くなる。

時定数が 0.1 s ということは，指示値が最終値の約 63% に達するのに 0.1 秒かかることとなる。

【正 解】　**3**

問 13

作動原理がベンチュリ管に最も近い流量計はどれか，次の中から一つ選べ。

1　コリオリ流量計

2　渦流量計

3　超音波流量計

4　面積流量計

5　電磁流量計

［題 意］　ベンチュリ管の知識を問うものである。

［解 説］　差圧式流量計には，流路に絞り機構を設け，その上流側と下流側の圧力差から流量を求める形式の流量計である。その代表的なものとして，オリフィス（絞り），ノズル，ベンチュリ管流量計などがある。また，面積流量計も差圧式流量計の変形ともいえる。動作原理が最も近いのは**4**の面積流量計である。

［正 解］　**4**

問 14

2 V レンジ（最大表示 1.999 V）の誤差限界が ±(0.5% of reading + 2 digits) であるディジタル電圧計がある。この電圧計の設定で 1.000 V の表示を得たときの誤差限界の値を次の中から一つ選べ。ここで，reading はディジタル表示器の読み値を，digit はディジタル表示器の最小桁のきざみを意味する。

1　±0.015 V

2　±0.012 V

3　±0.010 V

4　±0.007 V

5　±0.005 V

［題 意］　ディジタル計量器の誤差限界の算出を行う問題である。

［解 説］　ディジタル温度計の誤差限界は設問のとおり，読取値のパーセント表示と digit で表示される。誤差限界が ±(0.5% of reading + 2 digits) であるから，読取値が 1 V で 0.5%の誤差は，次式で計算できる。

$$1.0\ \mathrm{V} \times 0.005 = 0.005\ \mathrm{V}$$

最小表示の1 digitは0.001 Vであるから，2 digitsは0.002 Vとなる。したがって，誤差は

$$0.005 + 0.002 = 0.007\ \text{V}$$

となる。つまり，誤差限界は**4**の ±0.007 Vである。

【正解】 **4**

問 15

図に示す高周波回路に関する次の記述の中から，正しいものを一つ選べ。ただし，反射係数は入射波に対する反射波の振幅の割合を表し，伝送線路の損失は無視できるものとする。

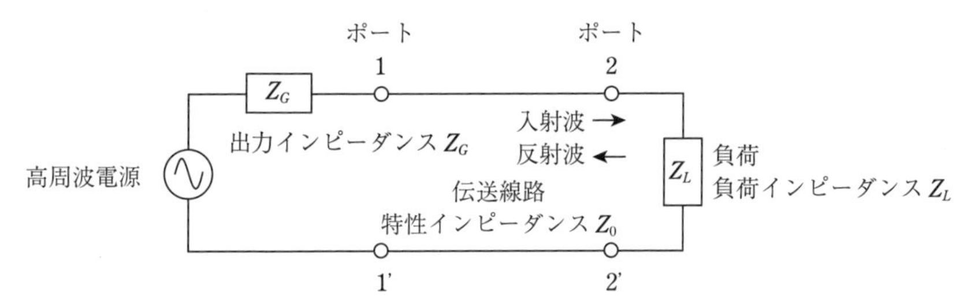

1　負荷が短絡されているとき，ポート2-2'から負荷側を見た反射係数の大きさは0である。

2　負荷が開放されているとき，ポート2-2'から負荷側を見た反射係数の大きさは1である。

3　伝送線路の特性インピーダンスZ_0と負荷インピーダンスZ_Lが整合しているとき，ポート2-2'から負荷側を見た反射係数の大きさは0.5である。

4　負荷で消費される高周波電力は反射係数の影響を受けない。

5　同軸伝送線路は高周波信号の遮蔽効果が高いので，負荷インピーダンスZ_Lによらず入射波と反射波の干渉は生じない。

【題意】　高周波回路に関して知識を問うものである。

【解説】　高周波回路の伝送線路の場合，負荷インピーダンスZ_Lの位置を$x = 0$としたときの位置xにおける入力インピーダンス$Z(x)$は

$$Z(x)=\frac{V(x)}{I(x)}=Z_0\frac{1+\Gamma(x)}{1-\Gamma(x)}$$

と表される。ここで，Z_0：伝送経路の特性インピーダンス，$\Gamma(x)$：位置 x における反射係数である。この式を書き換えると

$$\Gamma=\frac{Z(x)-Z_0}{Z(x)+Z_0}$$

であるから，$x=0$：終端での反射係数は

$$\Gamma=\frac{Z_L-Z_0}{Z_L+Z_0}$$

となる。特性インピーダンスで終端した場合（$Z_L=Z_0$）のとき，反射係数は0となる。

また，終端が短絡，開放の場合には完全反射（反射係数1）が生じるため，**1**の「ポート2-2′から負荷側を見た反射係数の大きさは0である」は誤りであり，**2**の「負荷側から見た反射係数の大きさは1」が正しい。

また，そのときの入力インピーダンスは場所によらず Z_0 となる。**3**は誤りである。

負荷が短絡の場合，消費電力は0である。終端が短絡，開放の場合には完全反射（反射係数1）が生じ，負荷においてまったく電力が消費されないので**4**は誤りである。負荷からの反射波と高周波電源からの入射波は，干渉して弱めあったり強め合ったりする。**5**は誤りである。

【正 解】 **2**

問 16

図1に示すようにコラム（円柱）型ロードセルに4枚のひずみゲージ（R_1，R_2，R_3，R_4）を接着した。ひずみ量を高感度に検出するためには，4枚のひずみゲージを**図2**に示すブリッジ回路のA，B，C，Dのどの位置に結線すればよいか，次の選択肢の中から正しいものを一つ選べ。

ただし，ひずみゲージの感度方向は**図3**とする。

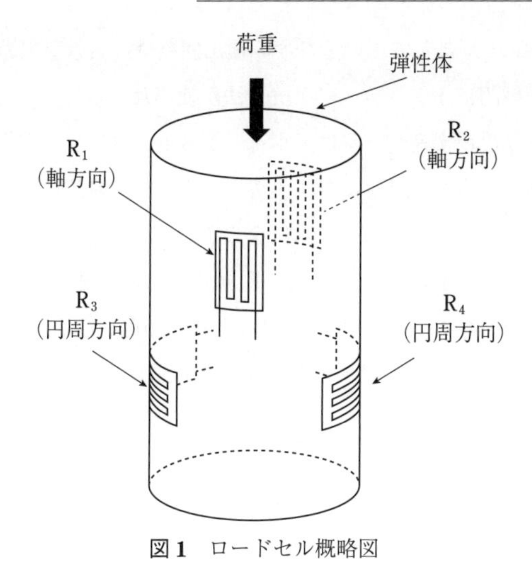

図 1　ロードセル概略図

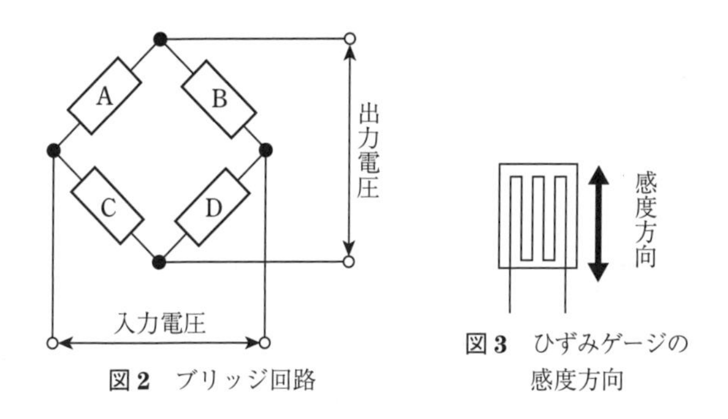

図 2　ブリッジ回路

図 3　ひずみゲージの感度方向

	R_1	R_2	R_3	R_4
1	D	B	C	A
2	C	D	A	B
3	D	A	B	C
4	C	A	B	D
5	A	B	C	D

題意　ひずみゲージを利用したロードセルの検出方法に関する知識を問うものである。

解 説 ロードセルとして用いるひずみ検出回路は，大きな出力を得る。温度補償の理由から，一般的に4アクティブゲージ法が使われる。

弾性体に接着されたひずみゲージは，ホイートストンブリッジを組むが，このとき一つの対辺に圧縮ひずみを検出するひずみゲージを，他の対辺に引張ひずみを検出するひずみゲージをそれぞれ挿入しなければならない。

ひずみゲージ R_1, R_2 は荷重軸方向に，R_3, R_4 は円周方向に貼られている。

コラムに荷重がかかると，ひずみゲージ R_1, R_2 は軸方向に縮み，ひずみゲージ R_3, R_4 は伸びる。この歪に比例して，ひずみゲージの抵抗変化が生じ，ブリッジによって，抵抗変化に比例した電圧変化の差を得ることができる。

ブリッジ回路においては対辺に同じひずみを検出するゲージを貼ることとする。図2のAにひずみゲージ R_2 を配置すると，Dには R_1 を配置する。Cにひずみゲージ R_4 を配置すると，Bには R_3 を配置する。

正 解 **3**

問 17

電子式はかりを用い，ある試料の質量を空気中で分銅との比較によって測定した。試料の真の質量 M_X を計算する以下の式を完成させるために，正しい［ア］及び［イ］の組合せを，次の中から一つ選べ。

ここで，分銅の真の質量は M_W，分銅の体積は V_W，分銅を電子式はかりに載せたときの表示を I_W とする。そして，試料の体積は V_X，試料を電子式はかりに載せたときの表示は I_X，空気の密度は ρ_a とする。

$$M_X = M_W + \boxed{ア} + \rho_a \boxed{イ}$$

	ア	イ
1	$(I_X - I_W)$	$(V_X - V_W)$
2	$(I_W - I_X)$	$(V_X - V_W)$
3	$(I_X - I_W)$	$(V_W - V_X)$
4	$(I_X + I_W)$	$(V_X - V_W)$
5	$(I_X - I_W)$	$(V_X + V_W)$

〔題 意〕 浮力の補正に関する問題である。

〔解 説〕 質量が同じであるが，それぞれに浮力が働いているために真の質量はそれぞれ違ってくる。浮力は，それぞれの体積に空気の密度を乗じたものである。

題意より

M_W：分銅の真の質量，M_X：試料の真の質量

I_W：分銅を電子式はかりに載せた時の表示

I_X：試料を電子式はかりに載せた時の表示

V_W：分銅の体積，V_X：試料の体積

ρ_a：空気の密度

とすると，次式が成り立つ。

$$M_X g - \rho_a V_X g - I_X g = M_W g - \rho_a V_W g - I_W g$$

ここで求めたいのは，試料の真の質量 M_X であるので

$$M_X = M_W + (I_X - I_W) + \rho_a (V_X - V_W)$$

となる。

〔正 解〕 **1**

問 18

図は，計量法に規定する特定計量器である，ひょう量 30 kg の非自動はかりの検定公差を示す。この非自動はかりの目量及び精度等級はどれか，次の中から正しいものを一つ選べ。

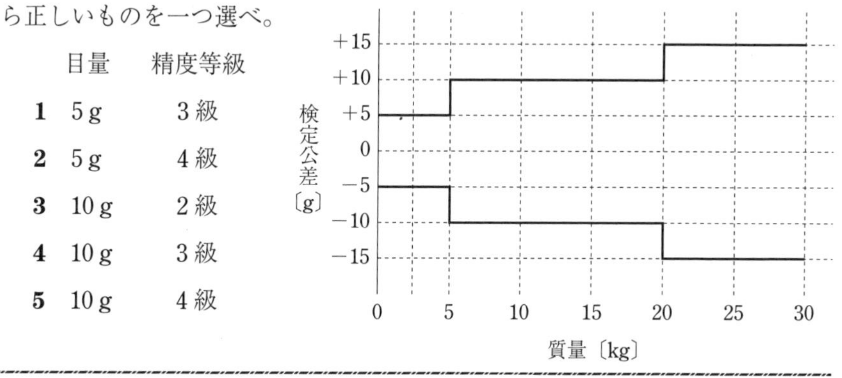

	目量	精度等級
1	5 g	3 級
2	5 g	4 級
3	10 g	2 級
4	10 g	3 級
5	10 g	4 級

〔題 意〕 ひょう量が 30 kg の非自動はかりの検定公差に関する知識を問うものである。

解 説　非自動はかりのひょう量が 30 kg である。まず 5 kg までで考える。このとき，問題の図は検定公差が ±5 g である。検定公差を ±0.5e として，**表**を参考に選択肢の組み合わせに合う目量 x と精度等級を求める。

表　検定公差

検定公差	目量 (e) で表した質量の値 (m＝ 質量 /e)			
	精度等級 1 級	精度等級 2 級	精度等級 3 級	精度等級 4 級
±0.5e	$0 \leqq m \leqq 50\,000$	$0 \leqq m \leqq 5\,000$	$0 \leqq m \leqq 500$	$0 \leqq m \leqq 50$
±1e	$50\,000 < m \leqq 200\,000$	$5\,000 < m \leqq 20\,000$	$500 < m \leqq 2\,000$	$50 < m \leqq 200$
±1.5e	$200\,000 < m$	$20\,000 < m \leqq 100\,000$	$2\,000 < m \leqq 10\,000$	$200 < m \leqq 1\,000$

精度等級 1 級だとすると，x〔g〕×50 000＝5 000〔g〕（＝5 kg）なので，目量 x は 0.1 g となる。

精度等級 2 級だとすると，x〔g〕×5 000＝5 000〔g〕（＝5 kg）なので，目量 x は 1 g となる。

精度等級 3 級だとすると，x〔g〕×5 000＝5 000〔g〕（＝5 kg）なので，目量 x は 10 g となる。

精度等級 4 級だとすると，x〔g〕×50＝5 000〔g〕（＝5 kg）なので，目量 x は 100 g となる。

選択肢に合う組み合わせは，**4** の精度等級 3 級で目量 10 g である。

これが正しいか，20 kg までと 30 kg までで確認をする。

10〔g〕×2 000＝20 000〔g〕（＝20 kg）まで 1 目量

$\therefore\quad \pm 1e = \pm 1 \times 10 = \pm 10$ g

10〔g〕×10 000＝30 000〔g〕（＝30 kg）まで 1.5 目量

$\therefore\quad \pm 1.5e = \pm 1.5 \times 10 = \pm 15$ g

正 解　**4**

問 19

計量法に規定する特定計量器である質量計に該当しないものはどれか，次の中から一つ選べ。

1　目量が 100 g，ひょう量が 5 kg のばね式指示はかり

2　表す質量が 10 mg の分銅

3　ホッパースケール

4　目量が 20 kg，ひょう量が 50 t の車両用はかり

5　充塡用自動はかり

【題 意】　特定計量器に関して知識を問うものである。

【解 説】　計量法施行令第 2 条の 2 で，特定計量器の範囲（質量計）について，下記のように定められている。

（イ）非自動はかりのうち次に掲げるもの

(1)　目量（隣接する目盛標識のそれぞれが表す物象の状態の量の差をいう）が 10 mg 以上であって，目盛標識の数が 100 以上のもの (2) または (3) に掲げるものを除く

(2)　手動天びん及び等比皿手動はかりのうち，表記された感量（質量計が反応することができる質量の最小の変化をいう）が 10 mg 以上のもの

(3)　自重計（貨物自動車に取り付けて積載物の質量の計量に使用する質量計をいう）

（ロ）自動はかり

（ハ）表す質量が 10 mg 以上の分銅

（ニ）定量おもり及び定量増おもり

これより，**2** は（ハ）に該当する。**3** および **5** は（ロ）自動はかりに含まれる。**4** は，目量が 20 kg で目盛標識の数が 2 500 であるので特定計量器である。

1 のばね式指示はかりは，目量が 100 g，ひょう量が 5 kg なので目盛標識の数が 50 となり，上記に該当しない。

なお，（ロ）自動はかりは，平成 29 年 10 月に計量制度の見直しにより，特定計量器に追加された。

【正 解】　**1**

問 20

電子式はかりを用いて，分銅の質量を測定する。この際の誤差要因と，誤差を低減することができるはかりの機構との組合せとして正しいものはどれか，次の中から一つ選べ。

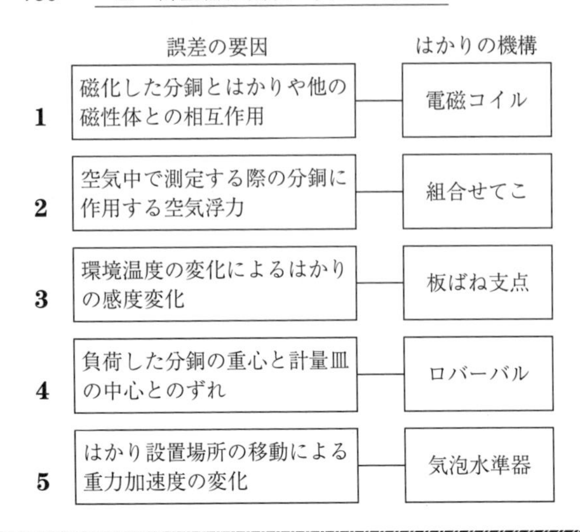

【題 意】 自動はかりの誤差要因を低減するための「はかりの機構」の組合わせの知識について問う。

【解 説】 はかりを使用する上で，正確に計量するためには日常の保守，点検および注意が必要である。

はかりの誤差要因としては，おもにつぎのようなものが挙げられる。

① 重力加速度の影響

② 空気浮力の影響

③ 傾斜による影響（はかりが水平に設置されていない場合の影響）

④ 偏置誤差

⑤ 分銅の誤差

⑥ 磁化による誤差

1 の「電磁コイル」は，電磁式はかりに組み込まれており，磁化した分銅とはかりや他の磁性体との相互作用を取り除く機能はないので誤りである。

2 の空気中で測定する際の分銅に作用する空気浮力と「組合せてこ」は関係がないので誤りである。

3 の環境温度の変化によるはかりの感度変化と「板ばね支点」も関係がないので誤りである。

5 の「気泡水準器」では，はかり設置場所の移動による重力加速度の変化を計測できないので誤りである。

4 の「ロバーバル機構」は，偏置誤差を小さくすることができる。すなわち，負荷した分銅の重心と計量皿の中心のずれの誤差を低減することができる。説明は正しい。

【正 解】 **4**

問 21

計量法に規定する特定計量器であって，精度等級 2 級，ひょう量 6 kg の型式承認表示がある非自動はかりについて検定を行う。繰返し性の試験における試験荷重と負荷回数に関する組合せとして，次の中から正しいものを一つ選べ。

	試験荷重	負荷回数
1	6 kg	3 回
2	2 kg	5 回
3	2 kg	6 回
4	3 kg	3 回
5	3 kg	6 回

【題 意】 検定・繰返し性についての知識を問うものである。

【解 説】 型式承認表示がある非自動はかりの繰返し性の検定は，ひょう量の約 1/2 の試験荷重において，3 回計量を繰り返す。ただし，精度等級が 1 級および 2 級のはかりは，6 回繰返す。

したがって，精度等級 2 級，ひょう量 6 kg の場合，ひょう量の 1/2 は 3 kg であり，負荷回数は 6 回である。

【正 解】 **5**

問 22

図に示す構造のはかりにおいて，分銅を皿の中心から e だけずれた位置に載せたときの偏置誤差を相対的に小さくするための A ～ C の構造上の対策について，正しいものに○，誤ったものに × を付けるとき，正しい組合せを選択肢 **1** ～ **5** の中から一つ選べ。

ただし，$b<c$ とする。

A　b，c の長さ及び θ_1，θ_2 の大きさを変えずに，a のみを長くする。

B　$\theta_1 \sim \theta_4$ の大きさ及び a の長さを変えずに，b，c を長くする。

C　θ_1，θ_2 の大きさ及び a の長さを変えずに，b を短く c を長くする。

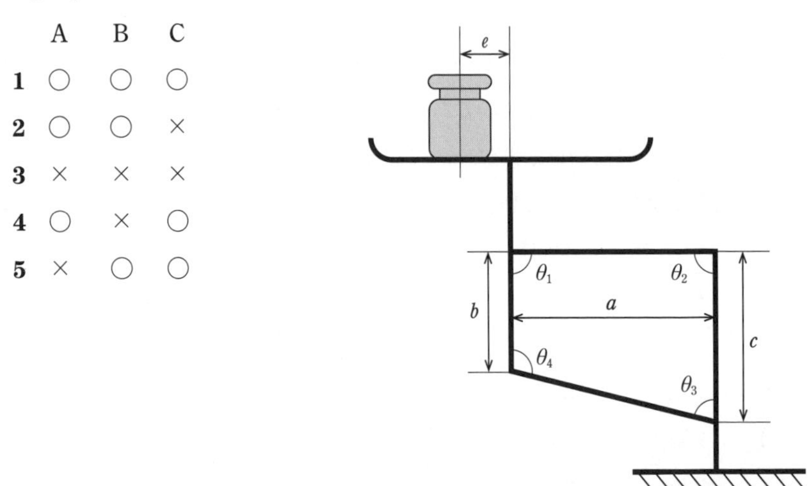

	A	B	C
1	○	○	○
2	○	○	×
3	×	×	×
4	○	×	○
5	×	○	○

【題 意】 ロバーバル機構の理解度を問うものである。

【解 説】 ロバーバル機構を有するはかりの偏置誤差 E は，負荷の偏芯量 e と皿受け棒の長短 δ，荷重の大きさ W および平衡リンクの大きさ a，c とすると次式で表される。

$$E=\frac{e\delta}{ac}W$$

したがって，E は W，e，δ に比例し，平衡リンクの大きさ a, d に反比例する。ここで，δ は皿受け棒の長短なので $(c-b)$ で表される。

偏置誤差 E の式から A の対策は○である。B の対策も○である。

しかし，C の説明から b を短くして c を長くすると δ が長くなるので結果的に偏置誤差が大きくなる。この対策 C は間違いである。A は○，B は○，C は × である。

【正 解】 **2**

問 23

ひょう量が 15 kg，目量が 1 g の電子式はかりを用いて，10 kg 分銅を測定する。重力加速度が 9.794 m/s^2 の場所で 10.002 kg を表示した。このはかりと分銅を重力加速度が 9.799 m/s^2 の場所に移動し，分銅を測定した場合のはかりの表示値はいくらか，次の中から一つ選べ。

ただし，重力加速度以外の測定条件は移動前後で同一であり，はかりは重力変化の影響を補正する装置を備えていない。

1　9.995 kg

2　9.997 kg

3　10.000 kg

4　10.005 kg

5　10.007 kg

題意　分銅に働く重力加速度の大きさの違いの理解度を問うものである。

解説　分銅を別の場所に移動させると，重力加速度の影響を受けて分銅の重さは変化する。

移動前の場所における分銅の重さを W_1，その地の重力加速度の大きさを g_1 とする。

移動した場所での分銅の重さを W_2，その他の重力加速度の大きさを g_2 とする。

その関係は次式で与えられる。求めたいのは，移動した場所での分銅を測定した場合のはかりの指示値 W_2 であり

$$W_2 = (W_1/g_1) \times g_2$$
$$= (10.002/9.794) \times 9.799 \text{〔kg〕} = 10.007 \text{〔g〕}$$

となる。

正解　**5**

問 24

「JIS B 7611-2：2015 非自動はかり － 性能要件及び試験方法 － 第 2 部：取引又は証明用」の附属書 JA.2.1.1 の「個々に定める性能」として該当する性能はどれか，次の中から一つ選べ。

1　耐久性

2　偏置荷重

3　スパン安定性

4　傾斜

5　クリープ

【題 意】「JIS B7611-2 非自動はかり － 性能要件及び試験方法」の附属書 JA（規定）検定 JA.2.1.1「個々に定める性能の技術上の基準」についての知識を問うものである。

【解 説】JIS 規格には，正味量，風袋計量装置，繰返し性，偏置荷重，感じ，半自動零点設定装置および非自動零点設置装置の精度，および風袋引き装置の精度に適合していなければならないと記載されている。このうち，非自動はかりの検定を行う上で問題なのは，正味量，風袋計量装置，繰返し性，偏置荷重，感じなどの項目である。選択肢の中で該当するのは，**2** の偏置荷重である。

【正 解】**2**

問 25

計量法に規定する特定計量器である自動車等給油メーターの検定公差はどれか，次の中から正しいものを一つ選べ。

1　±0.1%

2　±0.2%

3　±0.5%

4　±1.0%

5　±1.5%

【題 意】特定計量器である自動車等給油メーターの検定公差を問うものである。

【解 説】自動車等給油メーターの検定公差の値は，**3** の ±0.5 %（30 ml 未満のものは 30 ml）である。

【正 解】**3**

一般計量士　国家試験問題 解答と解説
1. 一基・計質（計量に関する基礎知識／計量器概論及び質量の計量）（第68回〜第70回）

2020年11月30日　初版第1刷発行

検印省略

編　　者　一般社団法人
日本計量振興協会
東京都新宿区納戸町25-1
電話 (03)3268-4920
発行者　株式会社　コロナ社
代表者　牛来真也
印刷所　萩原印刷株式会社
製本所　有限会社　愛千製本所

112-0011　東京都文京区千石4-46-10
発行所　株式会社　**コロナ社**
CORONA PUBLISHING CO., LTD.
Tokyo Japan
振替 00140-8-14844・電話(03)3941-3131(代)
ホームページ https://www.coronasha.co.jp

ISBN 978-4-339-03232-1　C3353　Printed in Japan　（柏原）N

CORONA